Jiaotong Jianshe Gongcheng Anquan Shengchan Guanli
Renyuan Anquan Peixun Buchong Jiaocai

交通建设工程安全生产管理人员安全培训补充教材

公路分册

中国公路建设行业协会

人民交通出版社

内 容 提 要

本书为交通建设工程安全生产管理人员安全培训教材公路分册的补充教材,全书分法律法规篇、技术篇和案例剖析三部分,列举了近年颁布的与交通安全生产密切相关的法律、法规,并简明扼要地介绍了常见地质灾害的特点与预防措施,最后列出9个典型案例。

本补充教材作为交通建设工程安全生产管理人员安全培训教材的配套用书,可供公路工程施工企业安全生产管理人员学习使用,亦可供公路工程建设管理的相关专业人员学习借鉴。

图书在版编目（CIP）数据

交通建设工程安全生产管理人员安全培训补充教材. 公路分册/中国公路建设行业协会主编. —北京：人民交通出版社，2007.12
ISBN 978-7-114-06899-7

Ⅰ.交... Ⅱ.中... Ⅲ.①交通工程-安全生产-管理人员-技术培训-教材②道路工程-安全生产-管理人员-技术培训-教材 Ⅳ.X951

中国版本图书馆 CIP 数据核字 (2007) 第 185558 号

书　　名：交通建设工程安全生产管理人员安全培训补充教材
　　　　　公路分册
著 作 者：中国公路建设行业协会
责任编辑：岑　瑜
出版发行：人民交通出版社
地　　址：(100011)北京市朝阳区安定门外外馆斜街 3 号
网　　址：http://www.ccpress.com.cn
销售电话：(010)59757969，59757973
总 经 销：北京中交盛世书刊有限公司
经　　销：各地新华书店
印　　刷：北京鑫正大印刷有限公司
开　　本：880×1230　1/32
印　　张：4.5
字　　数：120 千
版　　次：2007 年 12 月第 1 版
印　　次：2010 年 3 月第 11 次印刷
书　　号：ISBN 978-7-114-06899-7
印　　数：38001－41500 册
定　　价：16.00 元
(如有印刷、装订质量问题的图书由本社负责调换)

目　录

第一章 法律法规篇

第一节 建设工程现行的相关法律法规

施工单位管理、技术人员应熟悉安全生产的法律法规，尤其是在制订、审核施工方案、施工安全专项方案时，要注意施工方案、施工安全专项方案是否符合法律法规、工程建设强制性标准的有关规定（表1-1）。

安全生产的法律法规一览表　　表1-1

颁发机关	名　称	实施时间
全国人大	中华人民共和国安全生产法	2002.11
全国人大	中华人民共和国建筑法	1998.3
全国人大	中华人民共和国消防法	1998.9
全国人大	中华人民共和国公路法	1998.1
全国人大	中华人民共和国港口法	2004.1
全国人大	中华人民共和国环境保护法	1989.12
全国人大	中华人民共和国环境影响评价法	2003.9
全国人大	中华人民共和国防洪法	1998.1
全国人大	中华人民共和国水法	2002.10
全国人大	中华人民共和国水土保持法	1991.6
全国人大	中华人民共和国刑法	1997.10
全国人大	中华人民共和国劳动法	1995.1
全国人大	中华人民共和国劳动合同法	2008.1
全国人大	中华人民共和国固体废物污染环境防治法	2005.4
全国人大	中华人民共和国水污染防治法	1984.11

续上表

颁发机关	名　　称	实施时间
全国人大	中华人民共和国突发事件应对法	2007.11
全国人大	中华人民共和国行政处罚法	1996.10
全国人大	中华人民共和国行政复议法	1999.10
全国人大	中华人民共和国海上交通安全法	1984.1
全国人大	中华人民共和国海洋环境保护法	2000.4
国务院	建设工程安全生产管理条例	2004.2
国务院	生产安全事故报告和调查处理条例	2007.6
国务院	防治海洋工程建设项目污染损害海洋环境管理条例	2006.11
国务院	国务院关于特大安全事故行政责任追究的规定	2001.4
国务院	特种设备安全生产监察条例	2003.6
国务院	安全生产许可证条例	2004.1
国务院	中华人民共和国内河交通安全管理条例	2002.8
国务院	中华人民共和国航道管理条例	1987.10
国务院	中华人民共和国民用爆炸物品管理条例	1984.1
交通部	公路建设市场管理办法	2005.3
交通部	公路水运工程安全生产监督管理办法	2007.3
交通部	交通行政处罚程序规定	1996.10
交通部	水上水下施工作业通航安全管理规定	2000.1
交通部	中华人民共和国潜水员管理办法	1999.11
交通部	中华人民共和国海上航行警告和航行通告管理规定	1993.2
交通部	公路建设监督管理办法	2006.8
交通部	港口安全评价管理办法	2004.10
交通部	中华人民共和国内河交通事故调查处理规定	2007.1
交通部	港口建设管理规定	2007.6
交通部	航道建设管理规定	2007.5
建设部	实施工程建设强制性标准监督规定	2000
建设部	施工现场安全防护用具及机械设备使用监督管理规定	1998.9
建设部	建筑工程施工许可管理办法	2001
建设部	建筑施工企业主要负责人、项目负责人和专职安全生产管理人员安全生产考核管理暂行规定	2004
建设部	建设工程施工现场管理规定	1992

续上表

颁发机关	名　称	实施时间
建设部	建筑业企业资质管理规定	2001
财政部、安监总局	高危行业企业安全生产费用财务管理暂行办法	2007.1
安监总局	劳动防护用品监督管理规定	2005.9
安监总局	生产经营单位安全培训规定	2006.3
安监总局	安全生产培训管理办法	2005.2
安监总局	安全生产违法行为行政处罚办法	2003.7
安监总局	安全生产领域违法违纪行为政纪处分暂行规定	2006.11
国际劳工组织	建筑业安全卫生公约(第167号公约)	2001.10

注:全国人大是全国人民代表大会常务委员会,安监总局是国家安全生产监督管理总局。

第二节　新近颁布的法律法规汇编

《中华人民共和国劳动合同法》
《中华人民共和国刑法修正案(六)》
《生产安全事故报告和调查处理条例》
《防治海洋工程建设项目污染损害海洋环境管理条例》
《安全生产行政复议规定》
《公路水运工程安全生产监督管理办法》
《公路建设市场管理办法》
《高危行业企业安全生产费用财务管理暂行办法》
《安全生产领域违法违纪行为政纪处分暂行规定》

中华人民共和国劳动合同法

(2007年6月29日第十届全国人民代表大会常务委员会第二十八次会议通过)

第一章　总　　则

第一条　为了完善劳动合同制度,明确劳动合同双方当事人的权利和义务,保护劳动者的合法权益,构建和发展和谐稳定的劳动关系，制定本法。

第二条 中华人民共和国境内的企业、个体经济组织、民办非企业单位等组织（以下称用人单位）与劳动者建立劳动关系，订立、履行、变更、解除或者终止劳动合同，适用本法。

国家机关、事业单位、社会团体和与其建立劳动关系的劳动者，订立、履行、变更、解除或者终止劳动合同，依照本法执行。

第三条 订立劳动合同，应当遵循合法、公平、平等自愿、协商一致、诚实信用的原则。

依法订立的劳动合同具有约束力，用人单位与劳动者应当履行劳动合同约定的义务。

第四条 用人单位应当依法建立和完善劳动规章制度，保障劳动者享有劳动权利、履行劳动义务。

用人单位在制定、修改或者决定有关劳动报酬、工作时间、休息休假、劳动安全卫生、保险福利、职工培训、劳动纪律以及劳动定额管理等直接涉及劳动者切身利益的规章制度或者重大事项时，应当经职工代表大会或者全体职工讨论，提出方案和意见，与工会或者职工代表平等协商确定。

在规章制度和重大事项决定实施过程中，工会或者职工认为不适当的，有权向用人单位提出，通过协商予以修改完善。

用人单位应当将直接涉及劳动者切身利益的规章制度和重大事项决定公示，或者告知劳动者。

第五条 县级以上人民政府劳动行政部门会同工会和企业方面代表，建立健全协调劳动关系三方机制，共同研究解决有关劳动关系的重大问题。

第六条 工会应当帮助、指导劳动者与用人单位依法订立和履行劳动合同，并与用人单位建立集体协商机制，维护劳动者的合法权益。

第二章 劳动合同的订立

第七条 用人单位自用工之日起即与劳动者建立劳动关系。

用人单位应当建立职工名册备查。

第八条 用人单位招用劳动者时,应当如实告知劳动者工作内容、工作条件、工作地点、职业危害、安全生产状况、劳动报酬,以及劳动者要求了解的其他情况;用人单位有权了解劳动者与劳动合同直接相关的基本情况,劳动者应当如实说明。

第九条 用人单位招用劳动者,不得扣押劳动者的居民身份证和其他证件,不得要求劳动者提供担保或者以其他名义向劳动者收取财物。

第十条 建立劳动关系,应当订立书面劳动合同。

已建立劳动关系,未同时订立书面劳动合同的,应当自用工之日起一个月内订立书面劳动合同。

用人单位与劳动者在用工前订立劳动合同的,劳动关系自用工之日起建立。

第十一条 用人单位未在用工的同时订立书面劳动合同,与劳动者约定的劳动报酬不明确的,新招用的劳动者的劳动报酬按照集体合同规定的标准执行;没有集体合同或者集体合同未规定的,实行同工同酬。

第十二条 劳动合同分为固定期限劳动合同、无固定期限劳动合同和以完成一定工作任务为期限的劳动合同。

第十三条 固定期限劳动合同,是指用人单位与劳动者约定合同终止时间的劳动合同。

用人单位与劳动者协商一致,可以订立固定期限劳动合同。

第十四条 无固定期限劳动合同,是指用人单位与劳动者约定无确定终止时间的劳动合同。

用人单位与劳动者协商一致,可以订立无固定期限劳动合同。有下列情形之一,劳动者提出或者同意续订、订立劳动合同的,除劳动者提出订立固定期限劳动合同外,应当订立无固定期限劳动合同:

(一)劳动者在该用人单位连续工作满十年的;

(二)用人单位初次实行劳动合同制度或者国有企业改制重

新订立劳动合同时，劳动者在该用人单位连续工作满十年且距法定退休年龄不足十年的；

（三）连续订立二次固定期限劳动合同，且劳动者没有本法第三十九条和第四十条第一项、第二项规定的情形，续订劳动合同的。

用人单位自用工之日起满一年不与劳动者订立书面劳动合同的，视为用人单位与劳动者已订立无固定期限劳动合同。

第十五条 以完成一定工作任务为期限的劳动合同，是指用人单位与劳动者约定以某项工作的完成为合同期限的劳动合同。

用人单位与劳动者协商一致，可以订立以完成一定工作任务为期限的劳动合同。

第十六条 劳动合同由用人单位与劳动者协商一致，并经用人单位与劳动者在劳动合同文本上签字或者盖章生效。

劳动合同文本由用人单位和劳动者各执一份。

第十七条 劳动合同应当具备以下条款：

（一）用人单位的名称、住所和法定代表人或者主要负责人；

（二）劳动者的姓名、住址和居民身份证或者其他有效身份证件号码；

（三）劳动合同期限；

（四）工作内容和工作地点；

（五）工作时间和休息休假；

（六）劳动报酬；

（七）社会保险；

（八）劳动保护、劳动条件和职业危害防护；

（九）法律、法规规定应当纳入劳动合同的其他事项。

劳动合同除前款规定的必备条款外，用人单位与劳动者可以约定试用期、培训、保守秘密、补充保险和福利待遇等其他事项。

第十八条 劳动合同对劳动报酬和劳动条件等标准约定不明确，引发争议的，用人单位与劳动者可以重新协商；协商不成的，适用集体合同规定；没有集体合同或者集体合同未规定劳动报酬的，实行同工同酬;没有集体合同或者集体合同未规定劳动条件等标准的,适用国家有关规定。

第十九条 劳动合同期限三个月以上不满一年的,试用期不得超过一个月;劳动合同期限一年以上不满三年的,试用期不得超过二个月;三年以上固定期限和无固定期限的劳动合同,试用期不得超过六个月。

同一用人单位与同一劳动者只能约定一次试用期。

以完成一定工作任务为期限的劳动合同或者劳动合同期限不满三个月的,不得约定试用期。

试用期包含在劳动合同期限内。劳动合同仅约定试用期的,试用期不成立,该期限为劳动合同期限。

第二十条 劳动者在试用期的工资不得低于本单位相同岗位最低档工资或者劳动合同约定工资的百分之八十,并不得低于用人单位所在地的最低工资标准。

第二十一条 在试用期中,除劳动者有本法第三十九条和第四十条第一项、第二项规定的情形外,用人单位不得解除劳动合同。用人单位在试用期解除劳动合同的,应当向劳动者说明理由。

第二十二条 用人单位为劳动者提供专项培训费用,对其进行专业技术培训的,可以与该劳动者订立协议,约定服务期。

劳动者违反服务期约定的,应当按照约定向用人单位支付违约金。违约金的数额不得超过用人单位提供的培训费用。用人单位要求劳动者支付的违约金不得超过服务期尚未履行部分所应分摊的培训费用。

用人单位与劳动者约定服务期的,不影响按照正常的工资调整机制提高劳动者在服务期期间的劳动报酬。

第二十三条 用人单位与劳动者可以在劳动合同中约定保守用人单位的商业秘密和与知识产权相关的保密事项。

对负有保密义务的劳动者,用人单位可以在劳动合同或者保密协议中与劳动者约定竞业限制条款,并约定在解除或者终止劳动合同后,在竞业限制期限内按月给予劳动者经济补偿。劳动者违反竞业限制约定的,应当按照约定向用人单位支付违约金。

第二十四条 竞业限制的人员限于用人单位的高级管理人员、高级技术人员和其他负有保密义务的人员。竞业限制的范围、地域、期限由用人单位与劳动者约定,竞业限制的约定不得违反法律、法规的规定。

在解除或者终止劳动合同后,前款规定的人员到与本单位生产或者经营同类产品、从事同类业务的有竞争关系的其他用人单位,或者自己开业生产或者经营同类产品、从事同类业务的竞业限制期限,不得超过二年。

第二十五条 除本法第二十二条和第二十三条规定的情形外,用人单位不得与劳动者约定由劳动者承担违约金。

第二十六条 下列劳动合同无效或者部分无效:

(一)以欺诈、胁迫的手段或者乘人之危,使对方在违背真实意思的情况下订立或者变更劳动合同的;

(二)用人单位免除自己的法定责任、排除劳动者权利的;

(三)违反法律、行政法规强制性规定的。

对劳动合同的无效或者部分无效有争议的,由劳动争议仲裁机构或者人民法院确认。

第二十七条 劳动合同部分无效,不影响其他部分效力的,其他部分仍然有效。

第二十八条 劳动合同被确认无效,劳动者已付出劳动的,用人单位应当向劳动者支付劳动报酬。劳动报酬的数额,参照本单位相同或者相近岗位劳动者的劳动报酬确定。

第三章 劳动合同的履行和变更

第二十九条 用人单位与劳动者应当按照劳动合同的约定,全面履行各自的义务。

第三十条 用人单位应当按照劳动合同约定和国家规定,向劳动者及时足额支付劳动报酬。

用人单位拖欠或者未足额支付劳动报酬的,劳动者可以依法向当地人民法院申请支付令,人民法院应当依法发出支付令。

第三十一条 用人单位应当严格执行劳动定额标准,不得强迫或者变相强迫劳动者加班。用人单位安排加班的,应当按照国家有关规定向劳动者支付加班费。

第三十二条 劳动者拒绝用人单位管理人员违章指挥、强令冒险作业的,不视为违反劳动合同。

劳动者对危害生命安全和身体健康的劳动条件,有权对用人单位提出批评、检举和控告。

第三十三条 用人单位变更名称、法定代表人、主要负责人或者投资人等事项,不影响劳动合同的履行。

第三十四条 用人单位发生合并或者分立等情况,原劳动合同继续有效,劳动合同由承继其权利和义务的用人单位继续履行。

第三十五条 用人单位与劳动者协商一致,可以变更劳动合同约定的内容。变更劳动合同,应当采用书面形式。

变更后的劳动合同文本由用人单位和劳动者各执一份。

第四章 劳动合同的解除和终止

第三十六条 用人单位与劳动者协商一致,可以解除劳动合同。

第三十七条 劳动者提前三十日以书面形式通知用人单位,可以解除劳动合同。劳动者在试用期内提前三日通知用人单位,可以解除劳动合同。

第三十八条 用人单位有下列情形之一的,劳动者可以解除劳动合同:

(一)未按照劳动合同约定提供劳动保护或者劳动条件的;

(二)未及时足额支付劳动报酬的;

(三)未依法为劳动者缴纳社会保险费的;

(四)用人单位的规章制度违反法律、法规的规定,损害劳动者权益的;

(五)因本法第二十六条第一款规定的情形致使劳动合同无

效的；

（六）法律、行政法规规定劳动者可以解除劳动合同的其他情形。

用人单位以暴力、威胁或者非法限制人身自由的手段强迫劳动者劳动的，或者用人单位违章指挥、强令冒险作业危及劳动者人身安全的，劳动者可以立即解除劳动合同，不需事先告知用人单位。

第三十九条 劳动者有下列情形之一的，用人单位可以解除劳动合同：

（一）在试用期间被证明不符合录用条件的；

（二）严重违反用人单位的规章制度的；

（三）严重失职，营私舞弊，给用人单位造成重大损害的；

（四）劳动者同时与其他用人单位建立劳动关系，对完成本单位的工作任务造成严重影响，或者经用人单位提出，拒不改正的；

（五）因本法第二十六条第一款第一项规定的情形致使劳动合同无效的；

（六）被依法追究刑事责任的。

第四十条 有下列情形之一的，用人单位提前三十日以书面形式通知劳动者本人或者额外支付劳动者一个月工资后，可以解除劳动合同：

（一）劳动者患病或者非因工负伤，在规定的医疗期满后不能从事原工作，也不能从事由用人单位另行安排的工作的；

（二）劳动者不能胜任工作，经过培训或者调整工作岗位，仍不能胜任工作的；

（三）劳动合同订立时所依据的客观情况发生重大变化，致使劳动合同无法履行，经用人单位与劳动者协商，未能就变更劳动合同内容达成协议的。

第四十一条 有下列情形之一，需要裁减人员二十人以上或者裁减不足二十人但占企业职工总数百分之十以上的，用人单位提前三十日向工会或者全体职工说明情况，听取工会或者职工的意见后，裁减人员方案经向劳动行政部门报告，可以裁减人员：

（一）依照企业破产法规定进行重整的；

（二）生产经营发生严重困难的；

（三）企业转产、重大技术革新或者经营方式调整，经变更劳动合同后，仍需裁减人员的；

（四）其他因劳动合同订立时所依据的客观经济情况发生重大变化，致使劳动合同无法履行的。

裁减人员时，应当优先留用下列人员：

（一）与本单位订立较长期限的固定期限劳动合同的；

（二）与本单位订立无固定期限劳动合同的；

（三）家庭无其他就业人员，有需要扶养的老人或者未成年人的。

用人单位依照本条第一款规定裁减人员，在六个月内重新招用人员的，应当通知被裁减的人员，并在同等条件下优先招用被裁减的人员。

第四十二条 劳动者有下列情形之一的，用人单位不得依照本法第四十条、第四十一条的规定解除劳动合同：

（一）从事接触职业病危害作业的劳动者未进行离岗前职业健康检查，或者疑似职业病病人在诊断或者医学观察期间的；

（二）在本单位患职业病或者因工负伤并被确认丧失或者部分丧失劳动能力的；

（三）患病或者非因工负伤，在规定的医疗期内的；

（四）女职工在孕期、产期、哺乳期的；

（五）在本单位连续工作满十五年，且距法定退休年龄不足五年的；

（六）法律、行政法规规定的其他情形。

第四十三条 用人单位单方解除劳动合同，应当事先将理由通知工会。用人单位违反法律、行政法规规定或者劳动合同约定的，工会有权要求用人单位纠正。用人单位应当研究工会的意见，并将处理结果书面通知工会。

第四十四条　有下列情形之一的，劳动合同终止：

（一）劳动合同期满的；

（二）劳动者开始依法享受基本养老保险待遇的；

（三）劳动者死亡，或者被人民法院宣告死亡或者宣告失踪的；

（四）用人单位被依法宣告破产的；

（五）用人单位被吊销营业执照、责令关闭、撤销或者用人单位决定提前解散的；

（六）法律、行政法规规定的其他情形。

第四十五条　劳动合同期满，有本法第四十二条规定情形之一的，劳动合同应当续延至相应的情形消失时终止。但是，本法第四十二条第二项规定丧失或者部分丧失劳动能力劳动者的劳动合同的终止，按照国家有关工伤保险的规定执行。

第四十六条　有下列情形之一的，用人单位应当向劳动者支付经济补偿：

（一）劳动者依照本法第三十八条规定解除劳动合同的；

（二）用人单位依照本法第三十六条规定向劳动者提出解除劳动合同并与劳动者协商一致解除劳动合同的；

（三）用人单位依照本法第四十条规定解除劳动合同的；

（四）用人单位依照本法第四十一条第一款规定解除劳动合同的；

（五）除用人单位维持或者提高劳动合同约定条件续订劳动合同，劳动者不同意续订的情形外，依照本法第四十四条第一项规定终止固定期限劳动合同的；

（六）依照本法第四十四条第四项、第五项规定终止劳动合同的；

（七）法律、行政法规规定的其他情形。

第四十七条　经济补偿按劳动者在本单位工作的年限，每满一年支付一个月工资的标准向劳动者支付。六个月以上不满一年的，按一年计算；不满六个月的，向劳动者支付半个月工资的经济补偿。

劳动者月工资高于用人单位所在直辖市、设区的市级人民政府公布的本地区上年度职工月平均工资三倍的，向其支付经济补偿的标准按职工月平均工资三倍的数额支付，向其支付经济补偿的年限最高不超过十二年。

本条所称月工资是指劳动者在劳动合同解除或者终止前十二个月的平均工资。

第四十八条 用人单位违反本法规定解除或者终止劳动合同，劳动者要求继续履行劳动合同的，用人单位应当继续履行；劳动者不要求继续履行劳动合同或者劳动合同已经不能继续履行的，用人单位应当依照本法第八十七条规定支付赔偿金。

第四十九条 国家采取措施，建立健全劳动者社会保险关系跨地区转移接续制度。

第五十条 用人单位应当在解除或者终止劳动合同时出具解除或者终止劳动合同的证明，并在十五日内为劳动者办理档案和社会保险关系转移手续。

劳动者应当按照双方约定，办理工作交接。用人单位依照本法有关规定应当向劳动者支付经济补偿的，在办结工作交接时支付。

用人单位对已经解除或者终止的劳动合同的文本，至少保存二年备查。

第五章 特别规定

第一节 集体合同

第五十一条 企业职工一方与用人单位通过平等协商，可以就劳动报酬、工作时间、休息休假、劳动安全卫生、保险福利等事项订立集体合同。集体合同草案应当提交职工代表大会或者全体职工讨论通过。

集体合同由工会代表企业职工一方与用人单位订立；尚未建立工会的用人单位，由上级工会指导劳动者推举的代表与用人单位订立。

第五十二条 企业职工一方与用人单位可以订立劳动安全卫生、女职工权益保护、工资调整机制等专项集体合同。

第五十三条 在县级以下区域内,建筑业、采矿业、餐饮服务业等行业可以由工会与企业方面代表订立行业性集体合同,或者订立区域性集体合同。

第五十四条 集体合同订立后,应当报送劳动行政部门;劳动行政部门自收到集体合同文本之日起十五日内未提出异议的,集体合同即行生效。

依法订立的集体合同对用人单位和劳动者具有约束力。行业性、区域性集体合同对当地本行业、本区域的用人单位和劳动者具有约束力。

第五十五条 集体合同中劳动报酬和劳动条件等标准不得低于当地人民政府规定的最低标准;用人单位与劳动者订立的劳动合同中劳动报酬和劳动条件等标准不得低于集体合同规定的标准。

第五十六条 用人单位违反集体合同,侵犯职工劳动权益的,工会可以依法要求用人单位承担责任;因履行集体合同发生争议,经协商解决不成的,工会可以依法申请仲裁、提起诉讼。

第二节 劳务派遣

第五十七条 劳务派遣单位应当依照公司法的有关规定设立,注册资本不得少于五十万元。

第五十八条 劳务派遣单位是本法所称用人单位,应当履行用人单位对劳动者的义务。劳务派遣单位与被派遣劳动者订立的劳动合同,除应当载明本法第十七条规定的事项外,还应当载明被派遣劳动者的用工单位以及派遣期限、工作岗位等情况。

劳务派遣单位应当与被派遣劳动者订立二年以上的固定期限劳动合同,按月支付劳动报酬;被派遣劳动者在无工作期间,劳务派遣单位应当按照所在地人民政府规定的最低工资标准,向其按月支付报酬。

第五十九条　劳务派遣单位派遣劳动者应当与接受以劳务派遣形式用工的单位（以下称用工单位）订立劳务派遣协议。劳务派遣协议应当约定派遣岗位和人员数量、派遣期限、劳动报酬和社会保险费的数额与支付方式以及违反协议的责任。

用工单位应当根据工作岗位的实际需要与劳务派遣单位确定派遣期限，不得将连续用工期限分割订立数个短期劳务派遣协议。

第六十条　劳务派遣单位应当将劳务派遣协议的内容告知被派遣劳动者。

劳务派遣单位不得克扣用工单位按照劳务派遣协议支付给被派遣劳动者的劳动报酬。

劳务派遣单位和用工单位不得向被派遣劳动者收取费用。

第六十一条　劳务派遣单位跨地区派遣劳动者的，被派遣劳动者享有的劳动报酬和劳动条件，按照用工单位所在地的标准执行。

第六十二条　用工单位应当履行下列义务：

（一）执行国家劳动标准，提供相应的劳动条件和劳动保护；

（二）告知被派遣劳动者的工作要求和劳动报酬；

（三）支付加班费、绩效奖金，提供与工作岗位相关的福利待遇；

（四）对在岗被派遣劳动者进行工作岗位所必需的培训；

（五）连续用工的，实行正常的工资调整机制。

用工单位不得将被派遣劳动者再派遣到其他用人单位。

第六十三条　被派遣劳动者享有与用工单位的劳动者同工同酬的权利。用工单位无同类岗位劳动者的，参照用工单位所在地相同或者相近岗位劳动者的劳动报酬确定。

第六十四条　被派遣劳动者有权在劳务派遣单位或者用工单位依法参加或者组织工会，维护自身的合法权益。

第六十五条　被派遣劳动者可以依照本法第三十六条、第三十八条的规定与劳务派遣单位解除劳动合同。

被派遣劳动者有本法第三十九条和第四十条第一项、第二项规定情形的,用工单位可以将劳动者退回劳务派遣单位,劳务派遣单位依照本法有关规定,可以与劳动者解除劳动合同。

第六十六条 劳务派遣一般在临时性、辅助性或者替代性的工作岗位上实施。

第六十七条 用人单位不得设立劳务派遣单位向本单位或者所属单位派遣劳动者。

第三节 非全日制用工

第六十八条 非全日制用工,是指以小时计酬为主,劳动者在同一用人单位一般平均每日工作时间不超过四小时,每周工作时间累计不超过二十四小时的用工形式。

第六十九条 非全日制用工双方当事人可以订立口头协议。

从事非全日制用工的劳动者可以与一个或者一个以上用人单位订立劳动合同;但是,后订立的劳动合同不得影响先订立的劳动合同的履行。

第七十条 非全日制用工双方当事人不得约定试用期。

第七十一条 非全日制用工双方当事人任何一方都可以随时通知对方终止用工。终止用工,用人单位不向劳动者支付经济补偿。

第七十二条 非全日制用工小时计酬标准不得低于用人单位所在地人民政府规定的最低小时工资标准。

非全日制用工劳动报酬结算支付周期最长不得超过十五日。

第六章 监督检查

第七十三条 国务院劳动行政部门负责全国劳动合同制度实施的监督管理。

县级以上地方人民政府劳动行政部门负责本行政区域内劳动合同制度实施的监督管理。

县级以上各级人民政府劳动行政部门在劳动合同制度实施的监督管理工作中,应当听取工会、企业方面代表以及有关行业主管部门的意见。

第七十四条 县级以上地方人民政府劳动行政部门依法对下列实施劳动合同制度的情况进行监督检查:

(一)用人单位制定直接涉及劳动者切身利益的规章制度及其执行的情况;

(二)用人单位与劳动者订立和解除劳动合同的情况;

(三)劳务派遣单位和用工单位遵守劳务派遣有关规定的情况;

(四)用人单位遵守国家关于劳动者工作时间和休息休假规定的情况;

(五)用人单位支付劳动合同约定的劳动报酬和执行最低工资标准的情况;

(六)用人单位参加各项社会保险和缴纳社会保险费的情况;

(七)法律、法规规定的其他劳动监察事项。

第七十五条 县级以上地方人民政府劳动行政部门实施监督检查时,有权查阅与劳动合同、集体合同有关的材料,有权对劳动场所进行实地检查,用人单位和劳动者都应当如实提供有关情况和材料。

劳动行政部门的工作人员进行监督检查,应当出示证件,依法行使职权,文明执法。

第七十六条 县级以上人民政府建设、卫生、安全生产监督管理等有关主管部门在各自职责范围内,对用人单位执行劳动合同制度的情况进行监督管理。

第七十七条 劳动者合法权益受到侵害的,有权要求有关部门依法处理,或者依法申请仲裁、提起诉讼。

第七十八条 工会依法维护劳动者的合法权益,对用人单位履行劳动合同、集体合同的情况进行监督。用人单位违反劳动法律、法规和劳动合同、集体合同的,工会有权提出意见或者要求纠正;劳动者申请仲裁、提起诉讼的,工会依法给予支持和帮助。

第七十九条 任何组织或者个人对违反本法的行为都有权举报,县级以上人民政府劳动行政部门应当及时核实、处理,并对举报有功人员给予奖励。

第七章　法律责任

第八十条　用人单位直接涉及劳动者切身利益的规章制度违反法律、法规规定的，由劳动行政部门责令改正，给予警告；给劳动者造成损害的，应当承担赔偿责任。

第八十一条　用人单位提供的劳动合同文本未载明本法规定的劳动合同必备条款或者用人单位未将劳动合同文本交付劳动者的，由劳动行政部门责令改正；给劳动者造成损害的，应当承担赔偿责任。

第八十二条　用人单位自用工之日起超过一个月不满一年未与劳动者订立书面劳动合同的，应当向劳动者每月支付二倍的工资。

用人单位违反本法规定不与劳动者订立无固定期限劳动合同的，自应当订立无固定期限劳动合同之日起向劳动者每月支付二倍的工资。

第八十三条　用人单位违反本法规定与劳动者约定试用期的，由劳动行政部门责令改正；违法约定的试用期已经履行的，由用人单位以劳动者试用期满月工资为标准，按已经履行的超过法定试用期的期间向劳动者支付赔偿金。

第八十四条　用人单位违反本法规定，扣押劳动者居民身份证等证件的，由劳动行政部门责令限期退还劳动者本人，并依照有关法律规定给予处罚。

用人单位违反本法规定，以担保或者其他名义向劳动者收取财物的，由劳动行政部门责令限期退还劳动者本人，并以每人五百元以上二千元以下的标准处以罚款；给劳动者造成损害的，应当承担赔偿责任。

劳动者依法解除或者终止劳动合同，用人单位扣押劳动者档案或者其他物品的，依照前款规定处罚。

第八十五条　用人单位有下列情形之一的，由劳动行政部门责令限期支付劳动报酬、加班费或者经济补偿；劳动报酬低于当地最低工资标准的，应当支付其差额部分；逾期不支付的，责令用人单位按应付金额百分之五十以上百分之一百以下的标准向劳动者加付赔偿金：

（一）未按照劳动合同的约定或者国家规定及时足额支付劳动者劳动报酬的；

（二）低于当地最低工资标准支付劳动者工资的；

（三）安排加班不支付加班费的；

（四）解除或者终止劳动合同，未依照本法规定向劳动者支付经济补偿的。

第八十六条 劳动合同依照本法第二十六条规定被确认无效，给对方造成损害的，有过错的一方应当承担赔偿责任。

第八十七条 用人单位违反本法规定解除或者终止劳动合同的，应当依照本法第四十七条规定的经济补偿标准的二倍向劳动者支付赔偿金。

第八十八条 用人单位有下列情形之一的，依法给予行政处罚；构成犯罪的，依法追究刑事责任；给劳动者造成损害的，应当承担赔偿责任：

（一）以暴力、威胁或者非法限制人身自由的手段强迫劳动的；

（二）违章指挥或者强令冒险作业危及劳动者人身安全的；

（三）侮辱、体罚、殴打、非法搜查或者拘禁劳动者的；

（四）劳动条件恶劣、环境污染严重，给劳动者身心健康造成严重损害的。

第八十九条 用人单位违反本法规定未向劳动者出具解除或者终止劳动合同的书面证明，由劳动行政部门责令改正；给劳动者造成损害的，应当承担赔偿责任。

第九十条 劳动者违反本法规定解除劳动合同，或者违反劳动合同中约定的保密义务或者竞业限制，给用人单位造成损失的，应当承担赔偿责任。

第九十一条 用人单位招用与其他用人单位尚未解除或者终止劳动合同的劳动者，给其他用人单位造成损失的，应当承担连带赔偿责任。

第九十二条 劳务派遣单位违反本法规定的，由劳动行政部门和其他有关主管部门责令改正；情节严重的，以每人一千元以上五千元以下的标准处以罚款，并由工商行政管理部门吊销营业执照；给被派遣劳动者造成损害的，劳务派遣单位与用工单位承担连带赔偿责任。

第九十三条 对不具备合法经营资格的用人单位的违法犯罪行为，依法追究法律责任；劳动者已经付出劳动的，该单位或者其出资人应当依照本法有关规定向劳动者支付劳动报酬、经济补偿、赔偿金；给劳动者造成损害的，应当承担赔偿责任。

第九十四条 个人承包经营违反本法规定招用劳动者，给劳动者造成损害的，发包的组织与个人承包经营者承担连带赔偿责任。

第九十五条 劳动行政部门和其他有关主管部门及其工作人员玩忽职守、不履行法定职责，或者违法行使职权，给劳动者或者用人单位造成损害的，应当承担赔偿责任；对直接负责的主管人员和其他直接责任人员，依法给予行政处分；构成犯罪的，依法追究刑事责任。

第八章　附　　则

第九十六条 事业单位与实行聘用制的工作人员订立、履行、变更、解除或者终止劳动合同，法律、行政法规或者国务院另有规定的，依照其规定；未作规定的，依照本法有关规定执行。

第九十七条 本法施行前已依法订立且在本法施行之日存续的劳动合同，继续履行；本法第十四条第二款第三项规定连续订立固定期限劳动合同的次数，自本法施行后续订固定期限劳动合同时开始计算。

本法施行前已建立劳动关系，尚未订立书面劳动合同的，应当自本法施行之日起一个月内订立。

本法施行之日存续的劳动合同在本法施行后解除或者终止，依照本法第四十六条规定应当支付经济补偿的，经济补偿年限自本法施行之日起计算；本法施行前按照当时有关规定，用人单位应当向劳动者支付经济补偿的，按照当时有关规定执行。

第九十八条 本法自2008年1月1日起施行。

中华人民共和国刑法修正案（六）

（2006年6月29日第十届全国人民代表大会常务委员会第二十二次会议通过，2006年6月29日中华人民共和国主席令第五十一号公布实施）

一、将刑法第一百三十四条修改为："在生产、作业中违反有关安全管理的规定，因而发生重大伤亡事故或者造成其他严重后果的，处三年以下有期徒刑或者拘役；情节特别恶劣的，处三年以上七年以下有期徒刑。"强令他人违章冒险作业，因而发生重大伤亡事故或者造成其他严重后果的，处五年以下有期徒刑或者拘役；情节特别恶劣的，处五年以上有期徒刑。"

二、将刑法第一百三十五条修改为："安全生产设施或者安全生产条件不符合国家规定，因而发生重大伤亡事故或者造成其他严重后果的，对直接负责的主管人员和其他直接责任人员，处三年以下有期徒刑或者拘役；情节特别恶劣的，处三年以上七年以下有期徒刑。"

三、在刑法第一百三十五条后增加一条，作为第一百三十五条之一："举办大型群众性活动违反安全管理规定，因而发生重大伤亡事故或者造成其他严重后果的，对直接负责的主管人员和其他直接责任人员，处三年以下有期徒刑或者拘役；情节特别恶劣的，处三年以上七年以下有期徒刑。"

四、在刑法第一百三十九条后增加一条，作为第一百三十九条之一："在安全事故发生后，负有报告职责的人员不报或者谎报事故情况，贻误事故抢救，情节严重的，处三年以下有期徒刑或者拘役；情节特别严重的，处三年以上七年以下有期徒刑。”

五、将刑法第一百六十一条修改为：“依法负有信息披露义务的公司、企业向股东和社会公众提供虚假的或者隐瞒重要事实的财务会计报告，或者对依法应当披露的其他重要信息不按照规定披露，严重损害股东或者其他人利益，或者有其他严重情节的，对其直接负责的主管人员和其他直接责任人员，处三年以下有期徒刑或者拘役，并处或者单处二万元以上二十万元以下罚金。”

六、在刑法第一百六十二条之一后增加一条，作为第一百六十二条之二：“公司、企业通过隐匿财产、承担虚构的债务或者以其他方法转移、处分财产，实施虚假破产，严重损害债权人或者其他人利益的，对其直接负责的主管人员和其他直接责任人员，处五年以下有期徒刑或者拘役，并处或者单处二万元以上二十万元以下罚金。”

七、将刑法第一百六十三条修改为：“公司、企业或者其他单位的工作人员利用职务上的便利，索取他人财物或者非法收受他人财物，为他人谋取利益，数额较大的，处五年以下有期徒刑或者拘役；数额巨大的，处五年以上有期徒刑，可以并处没收财产。”公司、企业或者其他单位的工作人员在经济往来中，利用职务上的便利，违反国家规定，收受各种名义的回扣、手续费，归个人所有的，依照前款的规定处罚。

“国有公司、企业或者其他国有单位中从事公务的人员和国有公司、企业或者其他国有单位委派到非国有公司、企业以及其他单位从事公务的人员有前两款行为的，依照本法第三百八十五条、第三百八十六条的规定定罪处罚。”

八、将刑法第一百六十四条第一款修改为：“为谋取不正当利益，给予公司、企业或者其他单位的工作人员以财物，数额较大的，处三年以下有期徒刑或者拘役；数额巨大的，处三年以上十年以下有期徒刑，并处罚金。”

九、在刑法第一百六十九条后增加一条，作为第一百六十九条之一：“上市公司的董事、监事、高级管理人员违背对公司的忠实义务，利用职务便利，操纵上市公司从事下列行为之一，致使上市公司利益遭受重大损失的，处三年以下有期徒刑或者拘役，并处或者单处罚金；致使上市公司利益遭受特别重大损失的，处三年以上七年以下有期徒刑，并处罚金："

"（一）无偿向其他单位或者个人提供资金、商品、服务或者其他资产的；"

"（二）以明显不公平的条件，提供或者接受资金、商品、服务或者其他资产的；"

"（三）向明显不具有清偿能力的单位或者个人提供资金、商品、服务或者其他资产的；"

"（四）为明显不具有清偿能力的单位或者个人提供担保，或者无正当理由为其他单位或者"人提供担保的；"

"（五）无正当理由放弃债权、承担债务的；"

"（六）采用其他方式损害上市公司利益的。"

"上市公司的控股股东或者实际控制人，指使上市公司董事、监事、高级管理人员实施前款行为的，依照前款的规定处罚。"

"犯前款罪的上市公司的控股股东或者实际控制人是单位的，对单位判处罚金，并对其直接负责的主管人员和其他直接责任人员，依照第一款的规定处罚。"

十、在刑法第一百七十五条后增加一条，作为第一百七十五条之一："以欺骗手段取得银行或者其他金融机构贷款、票据承兑、信用证、保函等，给银行或者其他金融机构造成重大损失或者有其他严重情节的，处三年以下有期徒刑或者拘役，并处或者单处罚金；给银行或者其他金融机构造成特别重大损失或者有其他特别严重情节的，处三年以上七年以下有期徒刑，并处罚金。"单位犯前款罪的，对单位判处罚金，并对其直接负责的主管人员和其他直接责任人员，依照前款的规定处罚。"

十一、将刑法第一百八十二条修改为："有下列情形之一，操纵证券、期货市场，情节严重的，处五年以下有期徒刑或者拘役，并处或者单处罚金；情节特别严重的，处五年以上十年以下有期徒刑，并处罚金：

“（一）单独或者合谋，集中资金优势、持股或者持仓优势或者利用信息优势联合或者连续买卖，操纵证券、期货交易价格或者证券、期货交易量的；”

“（二）与他人串通，以事先约定的时间、价格和方式相互进行证券、期货交易，影响证券、期货交易价格或者证券、期货交易量的；”

“（三）在自己实际控制的账户之间进行证券交易，或者以自己为交易对象，自买自卖期货合约，影响证券、期货交易价格或者证券、期货交易量的；”

“（四）以其他方法操纵证券、期货市场的。”

“单位犯前款罪的，对单位判处罚金，并对其直接负责的主管人员和其他直接责任人员，依照前款的规定处罚。”

十二、在刑法第一百八十五条后增加一条，作为第一百八十五条之一：“商业银行、证券交易所、期货交易所、证券公司、期货经纪公司、保险公司或者其他金融机构，违背受托义务，擅自运用客户资金或者其他委托、信托的财产，情节严重的，对单位判处罚金，并对其直接负责的主管人员和其他直接责任人员，处三年以下有期徒刑或者拘役，并处三万元以上三十万元以下罚金；情节特别严重的，处三年以上十年以下有期徒刑，并处五万元以上五十万元以下罚金。“社会保障基金管理机构、住房公积金管理机构等公众资金管理机构，以及保险公司、保险资产管理公司、证券投资基金管理公司，违反国家规定运用资金的，对其直接负责的主管人员和其他直接责任人员，依照前款的规定处罚。”

十三、将刑法第一百八十六条第一款、第二款修改为：“银行或者其他金融机构的工作人员违反国家规定发放贷款，数额巨大或者造成重大损失的，处五年以下有期徒刑或者拘役，并处一万元以上十万元以下罚金；数额特别巨大或者造成特别重大损失的，处五年以上有期徒刑，并处二万元以上二十万元以下罚金。”

“银行或者其他金融机构的工作人员违反国家规定，向关系人发放贷款的，依照前款的规定从重处罚。”

十四、将刑法第一百八十七条第一款修改为：“银行或者其他金融机构的工作人员吸收客户资金不入账，数额巨大或者造成重大损失的，处五年以下有期徒刑或者拘役，并处二万元以上二十万元以下罚金；数额特别巨大或者造成特别重大损失的，处五年以上有期徒刑，并处五万元以上五十万元以下罚金。”

十五、将刑法第一百八十八条第一款修改为：“银行或者其他金融机构的工作人员违反规定，为他人出具信用证或者其他保函、票据、存单、资信证明，情节严重的，处五年以下有期徒刑或者拘役；情节特别严重的，处五年以上有期徒刑。”

十六、将刑法第一百九十一条第一款修改为：“明知是毒品犯罪、黑社会性质的组织犯罪、恐怖活动犯罪、走私犯罪、贪污贿赂犯罪、破坏金融管理秩序犯罪、金融诈骗犯罪的所得及其产生的收益，为掩饰、隐瞒其来源和性质，有下列行为之一的，没收实施以上犯罪的所得及其产生的收益，处五年以下有期徒刑或者拘役，并处或者单处洗钱数额百分之五以上百分之二十以下罚金；情节严重的，处五年以上十年以下有期徒刑，并处洗钱数额百分之五以上百分之二十以下罚金：”

“（一）提供资金账户的；”

“（二）协助将财产转换为现金、金融票据、有价证券的；”

“（三）通过转账或者其他结算方式协助资金转移的；”

“（四）协助将资金汇往境外的；”

“（五）以其他方法掩饰、隐瞒犯罪所得及其收益的来源和性质的。”

十七、在刑法第二百六十二条后增加一条，作为第二百六十二条之一：“以暴力、胁迫手段组织残疾人或者不满十四周岁的未成年人乞讨的，处三年以下有期徒刑或者拘役，并处罚金；情节严重的，处三年以上七年以下有期徒刑，并处罚金。”

十八、将刑法第三百零三条修改为：“以营利为目的，聚众赌博或者以赌博为业的，处三年以下有期徒刑、拘役或者管制，并处罚金。”

“开设赌场的，处三年以下有期徒刑、拘役或者管制，并处罚金；情节严重的，处三年以上十年以下有期徒刑，并处罚金。”

十九、将刑法第三百一十二条修改为：“明知是犯罪所得及其产生的收益而予以窝藏、转移、收购、代为销售或者以其他方法掩饰、隐瞒的，处三年以下有期徒刑、拘役或者管制，并处或者单处罚金；情节严重的，处三年以上七年以下有期徒刑，并处罚金。”

二十、在刑法第三百九十九条后增加一条，作为第三百九十九条之一：“依法承担仲裁职责的人员，在仲裁活动中故意违背事实和法律作枉法裁决，情节严重的，处三年以下有期徒刑或者拘役；情节特别严重的，处三年以上七年以下有期徒刑。”

二十一、本修正案自公布之日起施行。

生产安全事故报告和调查处理条例

（中华人民共和国国务院令第493号）

第一章 总 则

第一条 为了规范生产安全事故的报告和调查处理，落实生产安全事故责任追究制度，防止和减少生产安全事故，根据《中华人民共和国安全生产法》和有关法律，制定本条例。

第二条 生产经营活动中发生的造成人身伤亡或者直接经济损失的生产安全事故的报告和调查处理，适用本条例；环境污染事故、核设施事故、国防科研生产事故的报告和调查处理不适用本条例。

第三条 根据生产安全事故（以下简称事故）造成的人员伤亡或者直接经济损失，事故一般分为以下等级：

（一）特别重大事故，是指造成30人以上死亡，或者100人以上重伤（包括急性工业中毒，下同），或者1亿元以上直接经济损失的事故；

（二）重大事故，是指造成10人以上30人以下死亡，或者50

人以上100人以下重伤，或者5 000万元以上1亿元以下直接经济损失的事故；

（三）较大事故，是指造成3人以上10人以下死亡，或者10人以上50人以下重伤，或者1 000万元以上5 000万元以下直接经济损失的事故；

（四）一般事故，是指造成3人以下死亡，或者10人以下重伤，或者1 000万元以下直接经济损失的事故。

国务院安全生产监督管理部门可以会同国务院有关部门，制定事故等级划分的补充性规定。

本条第一款所称的"以上"包括本数，所称的"以下"不包括本数。

第四条 事故报告应当及时、准确、完整，任何单位和个人对事故不得迟报、漏报、谎报或者瞒报。

事故调查处理应当坚持实事求是、尊重科学的原则，及时、准确地查清事故经过、事故原因和事故损失，查明事故性质，认定事故责任，总结事故教训，提出整改措施，并对事故责任者依法追究责任。

第五条 县级以上人民政府应当依照本条例的规定，严格履行职责，及时、准确地完成事故调查处理工作。

事故发生地有关地方人民政府应当支持、配合上级人民政府或者有关部门的事故调查处理工作，并提供必要的便利条件。

参加事故调查处理的部门和单位应当互相配合，提高事故调查处理工作的效率。

第六条 工会依法参加事故调查处理，有权向有关部门提出处理意见。

第七条 任何单位和个人不得阻挠和干涉对事故的报告和依法调查处理。

第八条 对事故报告和调查处理中的违法行为，任何单位和个人有权向安全生产监督管理部门、监察机关或者其他有关部门举报，接到举报的部门应当依法及时处理。

第二章　事 故 报 告

第九条　事故发生后，事故现场有关人员应当立即向本单位负责人报告；单位负责人接到报告后，应当于1小时内向事故发生地县级以上人民政府安全生产监督管理部门和负有安全生产监督管理职责的有关部门报告。

情况紧急时，事故现场有关人员可以直接向事故发生地县级以上人民政府安全生产监督管理部门和负有安全生产监督管理职责的有关部门报告。

第十条　安全生产监督管理部门和负有安全生产监督管理职责的有关部门接到事故报告后，应当依照下列规定上报事故情况，并通知公安机关、劳动保障行政部门、工会和人民检察院：

（一）特别重大事故、重大事故逐级上报至国务院安全生产监督管理部门和负有安全生产监督管理职责的有关部门；

（二）较大事故逐级上报至省、自治区、直辖市人民政府安全生产监督管理部门和负有安全生产监督管理职责的有关部门；

（三）一般事故上报至设区的市级人民政府安全生产监督管理部门和负有安全生产监督管理职责的有关部门。

安全生产监督管理部门和负有安全生产监督管理职责的有关部门依照前款规定上报事故情况，应当同时报告本级人民政府。国务院安全生产监督管理部门和负有安全生产监督管理职责的有关部门以及省级人民政府接到发生特别重大事故、重大事故的报告后，应当立即报告国务院。

必要时，安全生产监督管理部门和负有安全生产监督管理职责的有关部门可以越级上报事故情况。

第十一条　安全生产监督管理部门和负有安全生产监督管理职责的有关部门逐级上报事故情况，每级上报的时间不得超过2小时。

第十二条　报告事故应当包括下列内容：

（一）事故发生单位概况；

（二）事故发生的时间、地点以及事故现场情况；

（三）事故的简要经过；

（四）事故已经造成或者可能造成的伤亡人数（包括下落不明的人数）和初步估计的直接经济损失；

（五）已经采取的措施；

（六）其他应当报告的情况。

第十三条 事故报告后出现新情况的，应当及时补报。

自事故发生之日起30日内，事故造成的伤亡人数发生变化的，应当及时补报。道路交通事故、火灾事故自发生之日起7日内，事故造成的伤亡人数发生变化的，应当及时补报。

第十四条 事故发生单位负责人接到事故报告后，应当立即启动事故相应应急预案，或者采取有效措施，组织抢救，防止事故扩大，减少人员伤亡和财产损失。

第十五条 事故发生地有关地方人民政府、安全生产监督管理部门和负有安全生产监督管理职责的有关部门接到事故报告后，其负责人应当立即赶赴事故现场，组织事故救援。

第十六条 事故发生后，有关单位和人员应当妥善保护事故现场以及相关证据，任何单位和个人不得破坏事故现场、毁灭相关证据。

因抢救人员、防止事故扩大以及疏通交通等原因，需要移动事故现场物件的，应当做出标志，绘制现场简图并做出书面记录，妥善保存现场重要痕迹、物证。

第十七条 事故发生地公安机关根据事故的情况，对涉嫌犯罪的，应当依法立案侦查，采取强制措施和侦查措施。犯罪嫌疑人逃匿的，公安机关应当迅速追捕归案。

第十八条 安全生产监督管理部门和负有安全生产监督管理职责的有关部门应当建立值班制度，并向社会公布值班电话，受理事故报告和举报。

第三章 事故调查

第十九条 特别重大事故由国务院或者国务院授权有关部门

组织事故调查组进行调查。

重大事故、较大事故、一般事故分别由事故发生地省级人民政府、设区的市级人民政府、县级人民政府负责调查。省级人民政府、设区的市级人民政府、县级人民政府可以直接组织事故调查组进行调查,也可以授权或者委托有关部门组织事故调查组进行调查。

未造成人员伤亡的一般事故,县级人民政府也可以委托事故发生单位组织事故调查组进行调查。

第二十条 上级人民政府认为必要时,可以调查由下级人民政府负责调查的事故。

自事故发生之日起30日内(道路交通事故、火灾事故自发生之日起7日内),因事故伤亡人数变化导致事故等级发生变化,依照本条例规定应当由上级人民政府负责调查的,上级人民政府可以另行组织事故调查组进行调查。

第二十一条 特别重大事故以下等级事故,事故发生地与事故发生单位不在同一个县级以上行政区域的,由事故发生地人民政府负责调查,事故发生单位所在地人民政府应当派人参加。

第二十二条 事故调查组的组成应当遵循精简、效能的原则。

根据事故的具体情况,事故调查组由有关人民政府、安全生产监督管理部门、负有安全生产监督管理职责的有关部门、监察机关、公安机关以及工会派人组成,并应当邀请人民检察院派人参加。

事故调查组可以聘请有关专家参与调查。

第二十三条 事故调查组成员应当具有事故调查所需要的知识和专长,并与所调查的事故没有直接利害关系。

第二十四条 事故调查组组长由负责事故调查的人民政府指定。事故调查组组长主持事故调查组的工作。

第二十五条 事故调查组履行下列职责:

(一)查明事故发生的经过、原因、人员伤亡情况及直接经济损失;

（二）认定事故的性质和事故责任；

（三）提出对事故责任者的处理建议；

（四）总结事故教训，提出防范和整改措施；

（五）提交事故调查报告。

第二十六条 事故调查组有权向有关单位和个人了解与事故有关的情况，并要求其提供相关文件、资料，有关单位和个人不得拒绝。

事故发生单位的负责人和有关人员在事故调查期间不得擅离职守，并应当随时接受事故调查组的询问，如实提供有关情况。

事故调查中发现涉嫌犯罪的，事故调查组应当及时将有关材料或者其复印件移交司法机关处理。

第二十七条 事故调查中需要进行技术鉴定的，事故调查组应当委托具有国家规定资质的单位进行技术鉴定。必要时，事故调查组可以直接组织专家进行技术鉴定。技术鉴定所需时间不计入事故调查期限。

第二十八条 事故调查组成员在事故调查工作中应当诚信公正、恪尽职守，遵守事故调查组的纪律，保守事故调查的秘密。

未经事故调查组组长允许，事故调查组成员不得擅自发布有关事故的信息。

第二十九条 事故调查组应当自事故发生之日起60日内提交事故调查报告；特殊情况下，经负责事故调查的人民政府批准，提交事故调查报告的期限可以适当延长，但延长的期限最长不超过60日。

第三十条 事故调查报告应当包括下列内容：

（一）事故发生单位概况；

（二）事故发生经过和事故救援情况；

（三）事故造成的人员伤亡和直接经济损失；

（四）事故发生的原因和事故性质；

（五）事故责任的认定以及对事故责任者的处理建议；

（六）事故防范和整改措施。

事故调查报告应当附具有关证据材料。事故调查组成员应当在事故调查报告上签名。

第三十一条 事故调查报告报送负责事故调查的人民政府后,事故调查工作即告结束。事故调查的有关资料应当归档保存。

第四章 事故处理

第三十二条 重大事故、较大事故、一般事故,负责事故调查的人民政府应当自收到事故调查报告之日起15日内做出批复;特别重大事故,30日内做出批复,特殊情况下,批复时间可以适当延长,但延长的时间最长不超过30日。

有关机关应当按照人民政府的批复,依照法律、行政法规规定的权限和程序,对事故发生单位和有关人员进行行政处罚,对负有事故责任的国家工作人员进行处分。

事故发生单位应当按照负责事故调查的人民政府的批复,对本单位负有事故责任的人员进行处理。

负有事故责任的人员涉嫌犯罪的,依法追究刑事责任。

第三十三条 事故发生单位应当认真吸取事故教训,落实防范和整改措施,防止事故再次发生。防范和整改措施的落实情况应当接受工会和职工的监督。

安全生产监督管理部门和负有安全生产监督管理职责的有关部门应当对事故发生单位落实防范和整改措施的情况进行监督检查。

第三十四条 事故处理的情况由负责事故调查的人民政府或者其授权的有关部门、机构向社会公布,依法应当保密的除外。

第五章 法律责任

第三十五条 事故发生单位主要负责人有下列行为之一的,处上一年年收入40%至80%的罚款;属于国家工作人员的,并依法给予处分;构成犯罪的,依法追究刑事责任:

(一)不立即组织事故抢救的;

（二）迟报或者漏报事故的；

（三）在事故调查处理期间擅离职守的。

第三十六条 事故发生单位及其有关人员有下列行为之一的，对事故发生单位处100万元以上500万元以下的罚款；对主要负责人、直接负责的主管人员和其他直接责任人员处上一年年收入60%至100%的罚款；属于国家工作人员的，并依法给予处分；构成违反治安管理行为的，由公安机关依法给予治安管理处罚；构成犯罪的，依法追究刑事责任：

（一）谎报或者瞒报事故的；

（二）伪造或者故意破坏事故现场的；

（三）转移、隐匿资金、财产，或者销毁有关证据、资料的；

（四）拒绝接受调查或者拒绝提供有关情况和资料的；

（五）在事故调查中作伪证或者指使他人作伪证的；

（六）事故发生后逃匿的。

第三十七条 事故发生单位对事故发生负有责任的，依照下列规定处以罚款：

（一）发生一般事故的，处10万元以上20万元以下的罚款；

（二）发生较大事故的，处20万元以上50万元以下的罚款；

（三）发生重大事故的，处50万元以上200万元以下的罚款；

（四）发生特别重大事故的，处200万元以上500万元以下的罚款。

第三十八条 事故发生单位主要负责人未依法履行安全生产管理职责，导致事故发生的，依照下列规定处以罚款；属于国家工作人员的，并依法给予处分；构成犯罪的，依法追究刑事责任：

（一）发生一般事故的，处上一年年收入30%的罚款；

（二）发生较大事故的，处上一年年收入40%的罚款；

（三）发生重大事故的，处上一年年收入60%的罚款；

（四）发生特别重大事故的，处上一年年收入80%的罚款。

第三十九条 有关地方人民政府、安全生产监督管理部门和负有安全生产监督管理职责的有关部门有下列行为之一的，对直接负责的主管人员和其他直接责任人员依法给予处分；构成犯罪的，依法追究刑事责任：

（一）不立即组织事故抢救的；

（二）迟报、漏报、谎报或者瞒报事故的；

（三）阻碍、干涉事故调查工作的；

（四）在事故调查中作伪证或者指使他人作伪证的。

第四十条 事故发生单位对事故发生负有责任的，由有关部门依法暂扣或者吊销其有关证照；对事故发生单位负有事故责任的有关人员，依法暂停或者撤销其与安全生产有关的执业资格、岗位证书；事故发生单位主要负责人受到刑事处罚或者撤职处分的，自刑罚执行完毕或者受处分之日起，5 年内不得担任任何生产经营单位的主要负责人。

为发生事故的单位提供虚假证明的中介机构，由有关部门依法暂扣或者吊销其有关证照及其相关人员的执业资格；构成犯罪的，依法追究刑事责任。

第四十一条 参与事故调查的人员在事故调查中有下列行为之一的，依法给予处分；构成犯罪的，依法追究刑事责任：

（一）对事故调查工作不负责任，致使事故调查工作有重大疏漏的；

（二）包庇、袒护负有事故责任的人员或者借机打击报复的。

第四十二条 违反本条例规定，有关地方人民政府或者有关部门故意拖延或者拒绝落实经批复的对事故责任人的处理意见的，由监察机关对有关责任人员依法给予处分。

第四十三条 本条例规定的罚款的行政处罚，由安全生产监督管理部门决定。

法律、行政法规对行政处罚的种类、幅度和决定机关另有规定的，依照其规定。

第六章 附 则

第四十四条 没有造成人员伤亡，但是社会影响恶劣的事故，国务院或者有关地方人民政府认为需要调查处理的,依照本条例的有关规定执行。

国家机关、事业单位、人民团体发生的事故的报告和调查处理,参照本条例的规定执行。

第四十五条 特别重大事故以下等级事故的报告和调查处理,有关法律、行政法规或者国务院另有规定的,依照其规定。

第四十六条 本条例自2007年6月1日起施行。国务院1989年3月29日公布的《特别重大事故调查程序暂行规定》和1991年2月22日公布的《企业职工伤亡事故报告和处理规定》同时废止。

防治海洋工程建设项目污染损害海洋环境管理条例

(国务院令第475号)

第一章 总 则

第一条 为了防治和减轻海洋工程建设项目(以下简称海洋工程)污染损害海洋环境,维护海洋生态平衡,保护海洋资源,根据《中华人民共和国海洋环境保护法》,制定本条例。

第二条 在中华人民共和国管辖海域内从事海洋工程污染损害海洋环境防治活动,适用本条例。

第三条 本条例所称海洋工程,是指以开发、利用、保护、恢复海洋资源为目的,并且工程主体位于海岸线向海一侧的新建、改建、扩建工程。具体包括:

(一)围填海、海上堤坝工程;

(二)人工岛、海上和海底物资储藏设施、跨海桥梁、海底隧道工程;

(三)海底管道、海底电(光)缆工程;

(四)海洋矿产资源勘探开发及其附属工程;

(五)海上潮汐电站、波浪电站、温差电站等海洋能源开发利用工程;

（六）大型海水养殖场、人工鱼礁工程；

（七）盐田、海水淡化等海水综合利用工程；

（八）海上娱乐及运动、景观开发工程；

（九）国家海洋主管部门会同国务院环境保护主管部门规定的其他海洋工程。

第四条 国家海洋主管部门负责全国海洋工程环境保护工作的监督管理，并接受国务院环境保护主管部门的指导、协调和监督。沿海县级以上地方人民政府海洋主管部门负责本行政区域毗邻海域海洋工程环境保护工作的监督管理。

第五条 海洋工程的选址和建设应当符合海洋功能区划、海洋环境保护规划和国家有关环境保护标准，不得影响海洋功能区的环境质量或者损害相邻海域的功能。

第六条 国家海洋主管部门根据国家重点海域污染物排海总量控制指标，分配重点海域海洋工程污染物排海控制数量。

第七条 任何单位和个人对海洋工程污染损害海洋环境、破坏海洋生态等违法行为，都有权向海洋主管部门进行举报。

接到举报的海洋主管部门应当依法进行调查处理，并为举报人保密。

第二章 环境影响评价

第八条 国家实行海洋工程环境影响评价制度。

海洋工程的环境影响评价，应当以工程对海洋环境和海洋资源的影响为重点进行综合分析、预测和评估，并提出相应的生态保护措施，预防、控制或者减轻工程对海洋环境和海洋资源造成的影响和破坏。

海洋工程环境影响报告书应当依据海洋工程环境影响评价技术标准及其他相关环境保护标准编制。编制环境影响报告书应当使用符合国家海洋主管部门要求的调查、监测资料。

第九条 海洋工程环境影响报告书应当包括下列内容：

（一）工程概况；

（二）工程所在海域环境现状和相邻海域开发利用情况；

（三）工程对海洋环境和海洋资源可能造成影响的分析、预测和评估；

（四）工程对相邻海域功能和其他开发利用活动影响的分析及预测；

（五）工程对海洋环境影响的经济损益分析和环境风险分析；

（六）拟采取的环境保护措施及其经济、技术论证；

（七）公众参与情况；

（八）环境影响评价结论。海洋工程可能对海岸生态环境产生破坏的，其环境影响报告书中应当增加工程对近岸自然保护区等陆地生态系统影响的分析和评价。

第十条 新建、改建、扩建海洋工程的建设单位，应当委托具有相应环境影响评价资质的单位编制环境影响报告书，报有核准权的海洋主管部门核准。

海洋主管部门在核准海洋工程环境影响报告书前，应当征求海事、渔业主管部门和军队环境保护部门的意见；必要时，可以举行听证会。其中，围填海工程必须举行听证会。

海洋主管部门在核准海洋工程环境影响报告书后，应当将核准后的环境影响报告书报同级环境保护主管部门备案，接受环境保护主管部门的监督。

海洋工程建设单位在办理项目审批、核准、备案手续时，应当提交经海洋主管部门核准的海洋工程环境影响报告书。

第十一条 下列海洋工程的环境影响报告书，由国家海洋主管部门核准：

（一）涉及国家海洋权益、国防安全等特殊性质的工程；

（二）海洋矿产资源勘探开发及其附属工程；

（三）50 公顷以上的填海工程，100 公顷以上的围海工程；

（四）潮汐电站、波浪电站、温差电站等海洋能源开发利用工程；

（五）由国务院或者国务院有关部门审批的海洋工程。

前款规定以外的海洋工程的环境影响报告书，由沿海县级以上地方人民政府海洋主管部门根据沿海省、自治区、直辖市人民政府规定的权限核准。

海洋工程可能造成跨区域环境影响并且有关海洋主管部门对环境影响评价结论有争议的，该工程的环境影响报告书由其共同的上一级海洋主管部门核准。

第十二条 海洋主管部门应当自收到海洋工程环境影响报告书之日起60个工作日内，作出是否核准的决定，书面通知建设单位。

需要补充材料的，应当及时通知建设单位，核准期限从材料补齐之日起重新计算。

第十三条 海洋工程环境影响报告书核准后，工程的性质、规模、地点、生产工艺或者拟采取的环境保护措施等发生重大改变的，建设单位应当委托具有相应环境影响评价资质的单位重新编制环境影响报告书，报原核准该工程环境影响报告书的海洋主管部门核准；海洋工程自环境影响报告书核准之日起超过5年方开工建设的，应当在工程开工建设前，将该工程的环境影响报告书报原核准该工程环境影响报告书的海洋主管部门重新核准。

海洋主管部门在重新核准海洋工程环境影响报告书后，应当将重新核准后的环境影响报告书报同级环境保护主管部门备案。

第十四条 建设单位可以采取招标方式确定海洋工程的环境影响评价单位。其他任何单位和个人不得为海洋工程指定环境影响评价单位。

第十五条 从事海洋工程环境影响评价的单位和有关技术人员，应当按照国务院环境保护主管部门的规定，取得相应的资质证书和资格证书。

国务院环境保护主管部门在颁发海洋工程环境影响评价单位的资质证书前，应当征求国家海洋主管部门的意见。

第三章 海洋工程的污染防治

第十六条 海洋工程的环境保护设施应当与主体工程同时设

计、同时施工、同时投产使用。

第十七条 海洋工程的初步设计，应当按照环境保护设计规范和经核准的环境影响报告书的要求，编制环境保护篇章，落实环境保护措施和环境保护投资概算。

第十八条 建设单位应当在海洋工程投入运行之日 30 个工作日前，向原核准该工程环境影响报告书的海洋主管部门申请环境保护设施的验收；海洋工程投入试运行的，应当自该工程投入试运行之日起 60 个工作日内，向原核准该工程环境影响报告书的海洋主管部门申请环境保护设施的验收。

分期建设、分期投入运行的海洋工程，其相应的环境保护设施应当分期验收。

第十九条 海洋主管部门应当自收到环境保护设施验收申请之日起 30 个工作日内完成验收；验收不合格的，应当限期整改。

海洋工程需要配套建设的环境保护设施未经海洋主管部门验收或者经验收不合格的，该工程不得投入运行。

建设单位不得擅自拆除或者闲置海洋工程的环境保护设施。

第二十条 海洋工程在建设、运行过程中产生不符合经核准的环境影响报告书的情形的，建设单位应当自该情形出现之日起 20 个工作日内组织环境影响的后评价，根据后评价结论采取改进措施，并将后评价结论和采取的改进措施报原核准该工程环境影响报告书的海洋主管部门备案；原核准该工程环境影响报告书的海洋主管部门也可以责成建设单位进行环境影响的后评价，采取改进措施。

第二十一条 严格控制围填海工程。禁止在经济生物的自然产卵场、繁殖场、索饵场和鸟类栖息地进行围填海活动。

围填海工程使用的填充材料应当符合有关环境保护标准。

第二十二条 建设海洋工程，不得造成领海基点及其周围环境的侵蚀、淤积和损害，危及领海基点的稳定。

进行海上堤坝、跨海桥梁、海上娱乐及运动、景观开发工程建设的，应当采取有效措施防止对海岸的侵蚀或者淤积。

第二十三条 污水离岸排放工程排污口的设置应当符合海洋功能区划和海洋环境保护规划,不得损害相邻海域的功能。

污水离岸排放不得超过国家或者地方规定的排放标准。在实行污染物排海总量控制的海域,不得超过污染物排海总量控制指标。

第二十四条 从事海水养殖的养殖者,应当采取科学的养殖方式,减少养殖饵料对海洋环境的污染。因养殖污染海域或者严重破坏海洋景观的,养殖者应当予以恢复和整治。

第二十五条 建设单位在海洋固体矿产资源勘探开发工程的建设、运行过程中,应当采取有效措施,防止污染物大范围悬浮扩散,破坏海洋环境。

第二十六条 海洋油气矿产资源勘探开发作业中应当配备油水分离设施、含油污水处理设备、排油监控装置、残油和废油回收设施、垃圾粉碎设备。

海洋油气矿产资源勘探开发作业中所使用的固定式平台、移动式平台、浮式储油装置、输油管线及其他辅助设施,应当符合防渗、防漏、防腐蚀的要求;作业单位应当经常检查,防止发生漏油事故。

前款所称固定式平台和移动式平台,是指海洋油气矿产资源勘探开发作业中所使用的钻井船、钻井平台、采油平台和其他平台。

第二十七条 海洋油气矿产资源勘探开发单位应当办理有关污染损害民事责任保险。

第二十八条 海洋工程建设过程中需要进行海上爆破作业的,建设单位应当在爆破作业前报告海洋主管部门,海洋主管部门应当及时通报海事、渔业等有关部门。

进行海上爆破作业,应当设置明显的标志、信号,并采取有效措施保护海洋资源。在重要渔业水域进行炸药爆破作业或者进行其他可能对渔业资源造成损害的作业活动的,应当避开主要经济类鱼虾的产卵期。

第二十九条 海洋工程需要拆除或者改作他用的，应当报原核准该工程环境影响报告书的海洋主管部门批准。拆除或者改变用途后可能产生重大环境影响的，应当进行环境影响评价。

海洋工程需要在海上弃置的，应当拆除可能造成海洋环境污染损害或者影响海洋资源开发利用的部分，并按照有关海洋倾倒废弃物管理的规定进行。

海洋工程拆除时，施工单位应当编制拆除的环境保护方案，采取必要的措施，防止对海洋环境造成污染和损害。

第四章 污染物排放管理

第三十条 海洋油气矿产资源勘探开发作业中产生的污染物的处置，应当遵守下列规定：

（一）含油污水不得直接或者经稀释排放入海，应当经处理符合国家有关排放标准后再排放；

（二）塑料制品、残油、废油、油基泥浆、含油垃圾和其他有毒有害残液残渣，不得直接排放或者弃置入海，应当集中储存在专门容器中，运回陆地处理。

第三十一条 严格控制向水基泥浆中添加油类，确需添加的，应当如实记录并向原核准该工程环境影响报告书的海洋主管部门报告添加油的种类和数量。禁止向海域排放含油量超过国家规定标准的水基泥浆和钻屑。

第三十二条 建设单位在海洋工程试运行或者正式投入运行后，应当如实记录污染物排放设施、处理设备的运转情况及其污染物的排放、处置情况，并按照国家海洋主管部门的规定，定期向原核准该工程环境影响报告书的海洋主管部门报告。

第三十三条 县级以上人民政府海洋主管部门，应当按照各自的权限核定海洋工程排放污染物的种类、数量，根据国务院价格主管部门和财政部门制定的收费标准确定排污者应当缴纳的排污费数额。

排污者应当到指定的商业银行缴纳排污费。

第三十四条 海洋油气矿产资源勘探开发作业中应当安装污染物流量自动监控仪器，对生产污水、机舱污水和生活污水的排放进行计量。

第三十五条 禁止向海域排放油类、酸液、碱液、剧毒废液和高、中水平放射性废水；严格限制向海域排放低水平放射性废水，确需排放的，应当符合国家放射性污染防治标准。

严格限制向大气排放含有毒物质的气体，确需排放的，应当经过净化处理，并不得超过国家或者地方规定的排放标准；向大气排放含放射性物质的气体，应当符合国家放射性污染防治标准。

严格控制向海域排放含有不易降解的有机物和重金属的废水；其他污染物的排放应当符合国家或者地方标准。

第三十六条 海洋工程排污费全额纳入财政预算，实行“收支两条线”管理，并全部专项用于海洋环境污染防治。具体办法由国务院财政部门会同国家海洋主管部门制定。

第五章 污染事故的预防和处理

第三十七条 建设单位应当在海洋工程正式投入运行前制定防治海洋工程污染损害海洋环境的应急预案，报原核准该工程环境影响报告书的海洋主管部门和有关主管部门备案。

第三十八条 防治海洋工程污染损害海洋环境的应急预案应当包括以下内容：

（一）工程及其相邻海域的环境、资源状况；

（二）污染事故风险分析；

（三）应急设施的配备；

（四）污染事故的处理方案。

第三十九条 海洋工程在建设、运行期间，由于发生事故或者其他突发性事件，造成或者可能造成海洋环境污染事故时，建设单位应当立即向可能受到污染的沿海县级以上地方人民政府海洋主管部门或者其他有关主管部门报告，并采取有效措施，减轻或者消除污染，同时通报可能受到危害的单位和个人。

沿海县级以上地方人民政府海洋主管部门或者其他有关主管部门接到报告后,应当按照污染事故分级规定及时向县级以上人民政府和上级有关主管部门报告。县级以上人民政府和有关主管部门应当按照各自的职责,立即派人赶赴现场,采取有效措施,消除或者减轻危害,对污染事故进行调查处理。

第四十条 在海洋自然保护区内进行海洋工程建设活动,应当按照国家有关海洋自然保护区的规定执行。

第六章 监督检查

第四十一条 县级以上人民政府海洋主管部门负责海洋工程污染损害海洋环境防治的监督检查,对违反海洋污染防治法律、法规的行为进行查处。

县级以上人民政府海洋主管部门的监督检查人员应当严格按照法律、法规规定的程序和权限进行监督检查。

第四十二条 县级以上人民政府海洋主管部门依法对海洋工程进行现场检查时,有权采取下列措施:

(一)要求被检查单位或者个人提供与环境保护有关的文件、证件、数据以及技术资料等,进行查阅或者复制;

(二)要求被检查单位负责人或者相关人员就有关问题作出说明;

(三)进入被检查单位的工作现场进行监测、勘查、取样检验、拍照、摄像;

(四)检查各项环境保护设施、设备和器材的安装、运行情况;

(五)责令违法者停止违法活动,接受调查处理;

(六)要求违法者采取有效措施,防止污染事态扩大。

第四十三条 县级以上人民政府海洋主管部门的监督检查人员进行现场执法检查时,应当出示规定的执法证件。用于执法检查、巡航监视的公务飞机、船舶和车辆应当有明显的执法标志。

第四十四条 被检查单位和个人应当如实提供材料,不得拒绝或者阻碍监督检查人员依法执行公务。

有关单位和个人对海洋主管部门的监督检查工作应当予以配合。

第四十五条 县级以上人民政府海洋主管部门对违反海洋污染防治法律、法规的行为，应当依法作出行政处理决定；有关海洋主管部门不依法作出行政处理决定的，上级海洋主管部门有权责令其依法作出行政处理决定或者直接作出行政处理决定。

第七章 法律责任

第四十六条 建设单位违反本条例规定，有下列行为之一的，由负责核准该工程环境影响报告书的海洋主管部门责令停止建设、运行，限期补办手续，并处5万元以上20万元以下的罚款：

（一）环境影响报告书未经核准，擅自开工建设的；

（二）海洋工程环境保护设施未申请验收或者经验收不合格即投入运行的。

第四十七条 建设单位违反本条例规定，有下列行为之一的，由原核准该工程环境影响报告书的海洋主管部门责令停止建设、运行，限期补办手续，并处5万元以上20万元以下的罚款：

（一）海洋工程的性质、规模、地点、生产工艺或者拟采取的环境保护措施发生重大改变，未重新编制环境影响报告书报原核准该工程环境影响报告书的海洋主管部门核准的；

（二）自环境影响报告书核准之日起超过5年，海洋工程方开工建设，其环境影响报告书未重新报原核准该工程环境影响报告书的海洋主管部门核准的；

（三）海洋工程需要拆除或者改作他用时，未报原核准该工程环境影响报告书的海洋主管部门批准或者未按要求进行环境影响评价的。

第四十八条 建设单位违反本条例规定，有下列行为之一的，由原核准该工程环境影响报告书的海洋主管部门责令限期改正；逾期不改正的，责令停止运行，并处1万元以上10万元以下的罚款：

（一）擅自拆除或者闲置环境保护设施的；

（二）未在规定时间内进行环境影响后评价或者未按要求采取整改措施的。

第四十九条 建设单位违反本条例规定，有下列行为之一的，由县级以上人民政府海洋主管部门责令停止建设、运行，限期恢复原状；逾期未恢复原状的，海洋主管部门可以指定具有相应资质的单位代为恢复原状，所需费用由建设单位承担，并处恢复原状所需费用1倍以上2倍以下的罚款：

（一）造成领海基点及其周围环境被侵蚀、淤积或者损害的；

（二）违反规定在海洋自然保护区内进行海洋工程建设活动的。

第五十条 建设单位违反本条例规定，在围填海工程中使用的填充材料不符合有关环境保护标准的，由县级以上人民政府海洋主管部门责令限期改正；逾期不改正的，责令停止建设、运行，并处5万元以上20万元以下的罚款；造成海洋环境污染事故，直接负责的主管人员和其他直接责任人员构成犯罪的，依法追究刑事责任。

第五十一条 建设单位违反本条例规定，有下列行为之一的，由原核准该工程环境影响报告书的海洋主管部门责令限期改正；逾期不改正的，处1万元以上5万元以下的罚款：

（一）未按规定报告污染物排放设施、处理设备的运转情况或者污染物的排放、处置情况的；

（二）未按规定报告其向水基泥浆中添加油的种类和数量的；

（三）未按规定将防治海洋工程污染损害海洋环境的应急预案备案的；

（四）在海上爆破作业前未按规定报告海洋主管部门的；

（五）进行海上爆破作业时，未按规定设置明显标志、信号的。

第五十二条 建设单位违反本条例规定，进行海上爆破作业时未采取有效措施保护海洋资源的，由县级以上人民政府海洋主管部门责令限期改正；逾期未改正的，处1万元以上10万元以下的罚款。

建设单位违反本条例规定，在重要渔业水域进行炸药爆破或者进行其他可能对渔业资源造成损害的作业，未避开主要经济类鱼虾产卵期的，由县级以上人民政府海洋主管部门予以警告、责令停止作业，并处5万元以上20万元以下的罚款。

第五十三条 海洋油气矿产资源勘探开发单位违反本条例规定向海洋排放含油污水，或者将塑料制品、残油、废油、油基泥浆、含油垃圾和其他有毒有害残液残渣直接排放或者弃置入海的，由国家海洋主管部门或者其派出机构责令限期清理，并处2万元以上20万元以下的罚款；逾期未清理的，国家海洋主管部门或者其派出机构可以指定有相应资质的单位代为清理，所需费用由海洋油气矿产资源勘探开发单位承担；造成海洋环境污染事故，直接负责的主管人员和其他直接责任人员构成犯罪的，依法追究刑事责任。

第五十四条 海水养殖者未按规定采取科学的养殖方式，对海洋环境造成污染或者严重影响海洋景观的，由县级以上人民政府海洋主管部门责令限期改正；逾期不改正的，责令停止养殖活动，并处清理污染或者恢复海洋景观所需费用1倍以上2倍以下的罚款。

第五十五条 建设单位未按本条例规定缴纳排污费的，由县级以上人民政府海洋主管部门责令限期缴纳；逾期拒不缴纳的，处应缴纳排污费数额2倍以上3倍以下的罚款。

第五十六条 违反本条例规定，造成海洋环境污染损害的，责任者应当排除危害，赔偿损失。完全由于第三者的故意或者过失造成海洋环境污染损害的，由第三者排除危害，承担赔偿责任。

违反本条例规定，造成海洋环境污染事故，直接负责的主管人员和其他直接责任人员构成犯罪的，依法追究刑事责任。

第五十七条 海洋主管部门的工作人员违反本条例规定，有下列情形之一的，依法给予行政处分；构成犯罪的，依法追究刑事责任：

（一）未按规定核准海洋工程环境影响报告书的；

（二）未按规定验收环境保护设施的；

（三）未按规定对海洋环境污染事故进行报告和调查处理的；

（四）未按规定征收排污费的；

（五）未按规定进行监督检查的。

第八章　附　　则

第五十八条　船舶污染的防治按照国家有关法律、行政法规的规定执行。

第五十九条　本条例自2006年11月1日起施行。

安全生产行政复议规定

（国家安全生产监督管理总局令第14号）

第一章　总　　则

第一条　为了规范安全生产行政复议工作，解决行政争议，根据《中华人民共和国行政复议法》和《中华人民共和国行政复议法实施条例》，制定本规定。

第二条　公民、法人或者其他组织认为安全生产监督管理部门、煤矿安全监察机构（以下统称安全监管监察部门）的具体行政行为侵犯其合法权益，向安全生产行政复议机关申请行政复议，安全生产行政复议机关受理行政复议申请，作出行政复议决定，适用本规定。

第三条　依法履行行政复议职责的安全监管监察部门是安全生产行政复议机关。安全生产行政复议机关负责法制工作的机构是本机关的行政复议机构（以下简称安全生产行政复议机构）。

安全生产行政复议机关应当领导、支持本机关行政复议机构依法办理行政复议事项，并依照有关规定充实、配备专职行政复议人员，保证行政复议机构的办案能力与工作任务相适应。

第四条　国家安全生产监督管理总局办理行政复议案件按照

下列程序，统一受理，分工负责：

（一）政策法规司按照本规定规定的期限，对行政复议申请进行初步审查，做出受理或者不予受理的决定。对决定受理的，将案卷材料转送相关业务司局分口承办；

（二）相关业务司局收到案卷材料后，应当在30日内了解核实有关情况，提出处理意见；

（三）政策法规司根据处理意见，在20日内拟定行政复议决定书，提交本局负责人集体讨论或者主管负责人审定；

（四）本局负责人集体讨论通过或者主管负责人同意后，政策法规司制作行政复议决定书，并送达申请人、被申请人和第三人。

国家煤矿安全监察局和省级及省级以下安全监管监察部门办理行政复议案件参照上述程序执行。

第二章　行政复议范围与管辖

第五条　公民、法人或者其他组织对安全监管监察部门作出的下列具体行政行为不服，可以申请行政复议：

（一）行政处罚决定；

（二）行政强制措施；

（三）行政许可的变更、中止、撤销、撤回等决定；

（四）认为符合法定条件，申请安全监管监察部门办理许可证、资格证等行政许可手续，安全监管监察部门没有依法办理的；

（五）认为安全监管监察部门违法收费或者违法要求履行义务的；

（六）认为安全监管监察部门其他具体行政行为侵犯其合法权益的。

第六条　公民、法人或者其他组织认为安全监管监察部门的具体行政行为所依据的规定不合法，在对具体行政行为申请行政复议时，可以依据行政复议法第七条的规定一并提出审查申请。

第七条　安全监管监察部门作出的下列行政行为，不属于安全生产行政复议范围：

（一）生产安全事故调查报告；

（二）不具有强制力的行政指导行为和信访答复行为；

（三）生产安全事故隐患认定；

（四）公告信息发布；

（五）法律、行政法规规定的非具体行政行为。

第八条 对县级以上地方人民政府安全生产监督管理部门作出的具体行政行为不服的，可以向上一级安全生产监督管理部门申请行政复议，也可以向同级人民政府申请行政复议。已向同级人民政府提出行政复议申请，且同级人民政府已经受理的，上一级安全生产监督管理部门不再受理。

对国家安全生产监督管理总局作出的具体行政行为不服的，向国家安全生产监督管理总局申请行政复议。

第九条 对煤矿安全监察分局作出的具体行政行为不服的，向该分局所隶属的省级煤矿安全监察局申请行政复议。

对省级煤矿安全监察机构作出的具体行政行为不服的，向国家安全生产监督管理总局申请行政复议。

对国家煤矿安全监察局作出的具体行政行为不服的，向国家煤矿安全监察局申请行政复议。

第十条 安全监管监察部门设立的派出机构、内设机构或者其他组织，未经法律、行政法规授权，对外以自己名义作出具体行政行为的，该安全监管监察部门为被申请人。

第十一条 对安全监管监察部门依法委托的机构，以委托的安全监管监察部门名义作出的具体行政行为不服的，依照本规定第八条和第九条的规定申请行政复议。

第十二条 对安全监管监察部门与有关部门共同作出的具体行政行为不服的，可以向其共同的上一级行政机关申请行政复议。共同作出具体行政行为的安全监管监察部门与有关部门为共同被申请人。

对国家安全生产监督管理总局与国务院其他部门共同作出的具体行政行为不服的，可以向国家安全生产监督管理总局或者共同作出具体行政行为的其他任何一个部门提起行政复议申请，由作出具体行政行为的部门共同作出行政复议决定。

第十三条 下级安全监管监察部门依照法律、行政法规、规章规定，经上级安全监管监察部门批准作出具体行政行为的，批准机关为被申请人。

第三章 行政复议的申请与受理

第十四条 安全监管监察部门作出具体行政行为，依法应当向有关公民、法人或者其他组织送达法律文书而未送达的，视为该公民、法人或者其他组织不知道该具体行政行为。

安全监管监察部门作出的具体行政行为对公民、法人或者其他组织的权利、义务可能产生不利影响的，应当告知其申请行政复议的权利、行政复议机关和行政复议申请期限。

第十五条 行政复议可以书面申请，也可以当场口头申请。书面申请可以采取当面递交、邮寄或者传真等方式提出，并在行政复议申请书中载明《行政复议法实施条例》第十九条规定的事项。

当场口头申请的，安全生产行政复议机构应当按照第一款规定的事项，当场制作行政复议申请笔录交申请人核对或者向申请人宣读，并由申请人签字确认。

第十六条 安全生产行政复议机构应当自收到行政复议申请之日起3日内对复议申请是否符合下列条件进行初步审查：

（一）有明确的申请人和被申请人；

（二）申请人与具体行政行为有利害关系；

（三）有具体的行政复议请求和事实依据；

（四）在法定申请期限内提出；

（五）属于本规定第五条规定的行政复议范围；

（六）属于收到行政复议申请的行政复议机关的职责范围；

（七）其他行政复议机关尚未受理同一行政复议申请，人民法院尚未受理同一主体就同一事实提起的行政诉讼。

第十七条 行政复议申请错列被申请人的，安全生产行政复议机构应当告知申请人变更被申请人。

第十八条 行政复议申请材料不齐全或者表述不清楚的，安全生产行政复议机构可以自收到该行政复议申请之日起5日内书面通知申请人补正。补正通知应当载明需要补正的事项和合理的补正期限。无正当理由逾期不补正的，视为申请人放弃行政复议申请。补正申请材料所用时间不计入行政复议审理期限。

第十九条 经初步审查后，安全生产行政复议机构应当自收到行政复议申请之日起5日内按下列规定作出处理：

（一）符合本规定第十六条规定的，予以受理，并制发行政复议受理决定书；

（二）不符合本规定第十六条规定的，决定不予受理，并制发行政复议申请不予受理决定书；

（三）不属于本机关职责范围的，应当告知申请人向有权受理的行政复议机关提出。

第二十条 行政复议期间，安全生产行政复议机构认为申请人以外的公民、法人或者其他组织与被审查的具体行政行为有利害关系的，可以通知其作为第三人参加行政复议。

行政复议期间，申请人以外的公民、法人或者其他组织与被审查的具体行政行为有利害关系的，可以向安全生产行政复议机构申请作为第三人参加行政复议。

第四章 行政复议的审理和决定

第二十一条 安全生产行政复议机构审理行政复议案件，应当由2名以上行政复议人员参加。

第二十二条 安全生产行政复议机构应当自行政复议申请受理之日起7日内，将行政复议申请书副本或者行政复议申请笔录复印件发送被申请人。

被申请人应当自收到申请书副本或者行政复议申请笔录复印件之日起10日内，按照复议机构要求的份数提出书面答复，并提交当初作出具体行政行为的证据、依据和其他有关材料。

被申请人书面答复应当载明下列事项，并加盖单位公章：

（一）作出具体行政行为的基本过程和情况；

（二）作出具体行政行为的事实依据和有关证据材料；

（三）作出具体行政行为所依据的法律、行政法规、规章和规范性文件的文号、具体条款和内容；

（四）对申请人复议请求的意见和理由；

（五）答复的年月日。

第二十三条 有下列情形之一的，被申请人经安全生产行政复议机构允许可以补充相关证据：

（一）在作出具体行政行为时已经收集证据，但因不可抗力等正当理由不能提供的；

（二）申请人或者第三人在行政复议过程中，提出了其在安全监管监察部门实施具体行政行为过程中没有提出的申辩理由或者证据的。

第二十四条 有下列情形之一的，申请人应当提供证明材料：

（一）认为被申请人不履行法定职责的，提供曾经要求被申请人履行法定职责而被申请人未履行的证明材料，但被申请人依法应当主动履行的除外；

（二）申请行政复议时一并提出行政赔偿请求的，提供受具体行政行为侵害而造成损害的证明材料；

（三）申请人自己主张的事实；

（四）法律、行政法规规定由申请人提供证据材料的其他情形。

第二十五条 申请人、被申请人、第三人应当对其提交的证据材料分类编号，对证据材料的来源、证明对象和内容作简要说明，并在证据材料上签字或者盖章，注明提交日期。

证据材料是复印件的，应当经复议机构核对无误，并注明原件存放的单位和处所。

第二十六条 行政复议原则上采取书面审理的方式，但对重大、复杂的案件，申请人提出要求或者安全生产行政复议机构认为必要时，可以采取听证的方式审理。

听证应当保障当事人平等的陈述、质证和辩论的权利。

第二十七条 安全生产行政复议机构采取听证的方式审理复议案件，应当制作听证笔录并载明下列事项：

（一）案由，听证的时间、地点；

（二）申请人、被申请人、第三人及其代理人的基本情况；

（三）听证主持人、听证员、书记员的姓名、职务等；

（四）申请人、被申请人、第三人争议的焦点问题，有关事实、证据和依据；

（五）其他应当记载的事项。

申请人、被申请人、第三人应当核对听证笔录并签字或者盖章。

第二十八条 安全生产行政复议机构认为必要时，可以实地调查核实证据。调查核实时，行政复议人员不得少于2人，并应当向当事人或者有关人员出示证件。

需要现场勘验的，现场勘验所用时间不计入行政复议审理期限。

第二十九条 安全生产行政复议期间涉及专门事项需要鉴定的，当事人可以自行委托鉴定机构进行鉴定，也可以申请行政复议机构委托鉴定机构进行鉴定。鉴定费用由当事人承担。鉴定所用时间不计入行政复议审理期限。

第三十条 申请人在行政复议决定作出前自愿撤回行政复议申请的，经行政复议机构同意，可以撤回。

申请人撤回行政复议申请的，不得以同一事实和理由再次提出行政复议申请。但是，申请人能够证明撤回行政复议申请违背其真实意思表示的除外。

第三十一条 行政复议申请由两个以上申请人共同提出，在行政复议决定作出前，部分申请人撤回行政复议申请的，安全生产行政复议机关应当就其他申请人未撤回的行政复议申请作出行政复议决定。

第三十二条 被申请人在复议期间改变原具体行政行为的，应当书面告知复议机构。

被申请人改变原具体行政行为，申请人撤回复议申请的，行政复议终止；申请人不撤回复议申请的，安全生产行政复议机关经审查认为原具体行政行为违法的，应当作出确认其违法的复议决定；认为原具体行政行为合法的，应当作出维持的复议决定。

第三十三条 公民、法人或者其他组织对安全监管监察部门行使法律、行政法规规定的自由裁量权作出的具体行政行为不服申请行政复议，申请人与被申请人在行政复议决定作出前自愿达成和解的，应当向安全生产行政复议机构提交书面和解协议；和解内容不损害社会公共利益和他人合法权益的，安全生产行政复议机构应当准许。

第三十四条 有下列情形之一的，安全生产行政复议机构可以按照自愿、合法的原则进行调解：

（一）公民、法人或者其他组织对安全监管监察部门行使法律、行政法规规定的自由裁量权作出的具体行政行为不服申请行政复议的；

（二）当事人之间的行政赔偿或者行政补偿的纠纷。

当事人经调解达成协议的，安全生产行政复议机关应当制作行政复议调解书。调解书应当载明行政复议请求、事实、理由和调解结果，并加盖安全生产行政复议机关印章。行政复议调解书经双方当事人签字，即具有法律效力。

调解未达成协议或者调解书生效前一方反悔的，安全生产行政复议机关应当及时作出行政复议决定。

第三十五条 安全生产行政复议机构应当对被申请人作出的具体行政行为进行审查，提出意见，经安全生产行政复议机关集体讨论通过或者负责人同意后，依法作出行政复议决定。

第三十六条 被申请人被责令重新作出具体行政行为的，应当在法律、行政法规、规章规定的期限内重新作出具体行政行为；法律、行政法规、规章未规定期限的，重新作出具体行政行为的期限为60日。

被申请人不得以同一事实和理由作出与原具体行政行为相同或者基本相同的具体行政行为。但因违反法定程序被责令重新作出具体行政行为的除外。

第三十七条 申请人在申请行政复议时一并提出行政赔偿请求,安全生产行政复议机关对符合国家赔偿法有关规定应当给予赔偿的,在决定撤销、变更具体行政行为或者确认具体行政行为违法时,应当同时决定被申请人依法给予赔偿。

申请人在申请行政复议时没有提出行政赔偿请求的,安全生产行政复议机关在依法决定撤销或者变更原具体行政行为确定的罚款以及对设备、设施、器材的扣押、查封等强制措施时,应当同时责令被申请人返还罚款,解除对设备、设施、器材的扣押、查封等强制措施。

第三十八条 安全生产行政复议机关在申请人的行政复议请求范围内,不得作出对申请人更为不利的行政复议决定。

第五章 附 则

第三十九条 安全生产行政复议机关及其工作人员和被申请人在安全生产行政复议工作中违反本规定的,依照行政复议法及其实施条例的规定,追究法律责任。

第四十条 行政复议期间的计算和行政复议文书的送达,依照民事诉讼法关于期间、送达的规定执行。

本规定关于行政复议期间有关"3日""5日"、"7日"的规定是指工作日,不含节假日。

第四十一条 安全生产行政复议案件审理完毕,案件承办人应当将案件材料在10日内立卷、归档。

下一级安全生产行政复议机关应当在作出行政复议决定之日起15日内将行政复议决定书报上一级安全生产行政复议机构备案。

第四十二条 安全监管行政复议机关办理行政复议案件,使用国家安全生产监督管理总局统一制定的文书式样。

煤矿安全监察行政复议机关办理行政复议案件，使用国家煤矿安全监察局统一制定的文书式样。

第四十三条 本规定自2007年11月1日起施行。原国家经济贸易委员会2003年2月18日公布的《安全生产行政复议暂行办法》和原国家安全生产监督管理局（国家煤矿安全监察局）2003年6月20日公布的《煤矿安全监察行政复议规定》同时废止。

公路水运工程安全生产监督管理办法

（交通部令2007年第1号）

第一章 总 则

第一条 为加强公路水运工程安全生产监督管理工作，保障人身及财产安全，根据《中华人民共和国安全生产法》、《建设工程安全生产管理条例》、《安全生产许可证条例》，制定本办法。

第二条 公路水运工程建设活动的安全生产行为及对其实施监督管理，应当遵守本办法。

第三条 本办法所称公路水运工程，是指列入国家和地方基本建设计划的公路、水运基础设施新建、改建、扩建以及拆除、加固等建设项目。

本办法所称从业单位，是指从事公路水运工程建设、勘察、设计、监理、施工、检验检测、安全评价等工作的单位。

第四条 公路水运工程安全生产监督管理应当坚持安全第一、预防为主、综合治理的方针。

第五条 公路水运工程安全生产监督管理实行统一监管、分级负责。

交通部负责全国公路水运工程安全生产的监督管理工作。

县级以上地方人民政府交通主管部门负责本行政区域内的公路水运工程安全生产监督管理工作，但长江干流航道工程安全生产监督管理工作由交通部设在长江干流的航务管理机构负责。

交通部和县级以上地方人民政府交通主管部门,可以委托其设置的安全监督机构负责具体工作,法律、行政法规规定不能委托的事项除外。

依照本条规定承担公路水运工程安全生产监督管理职能的部门或者机构,统称为公路水运工程安全生产监督管理部门。

第六条 公路水运工程安全生产监督管理部门的主要职责:

(一)宣传、贯彻、执行有关安全生产的法律、法规,按照法定权限制定公路水运工程安全生产管理规章和技术标准;

(二)依法对公路水运工程从业单位安全生产条件实施监督管理,组织施工单位的主要负责人、项目负责人、专职安全生产管理人员的考核管理工作;

(三)建立公路水运工程安全生产应急管理机制,制定重大生产安全事故应急预案;

(四)建立公路水运工程从业单位安全生产信用体系,作为交通行业信用体系建设的一部分,对从业单位和人员实施安全生产动态管理;

(五)受理公路水运工程安全生产方面的举报和投诉,依法对公路水运工程安全生产实施监督检查和相应的行政处罚;

(六)依法组织或者参与调查处理生产安全事故,按照职责权限对公路水运工程生产安全事故进行统计分析,发布公路水运工程安全生产动态信息。省级交通主管部门负责向交通部和国务院其他有关部门报送事故信息;

(七)指导下级交通主管部门开展公路水运工程安全生产监督管理工作;

(八)组织公路水运工程安全生产技术研究和先进技术推广应用;

(九)开展公路水运工程安全生产经验交流,普及安全生产知识;

(十)法律、法规规定的其他职责。

第二章 安全生产条件

第七条 从业单位从事公路水运工程建设活动，应当具备法律、行政法规规定的安全生产条件。任何单位和个人不得降低安全生产条件。

第八条 施工单位应当取得安全生产许可证，施工单位的主要负责人、项目负责人、专项安全生产管理人员（以下简称安全生产三类管理人员）必须取得考核合格证书，方可参加公路水运工程投标及施工。

施工单位主要负责人，是指对本企业日常生产经营活动和安全生产工作全面负责、有生产经营决策权的人员，包括企业法定代表人、企业安全生产工作的负责人等。

项目负责人，是指由企业法定代表人授权，负责公路水运工程项目施工管理的负责人。包括项目经理、项目副经理和项目总工。

专职安全生产管理人员，是指在企业专职从事安全生产管理工作的人员，包括企业安全生产管理机构的负责人及其工作人员和施工现场专职安全员。

第九条 交通部负责组织公路水运工程一级及以上资质施工单位安全生产三类人员的考核发证工作。

省级交通主管部门负责组织公路水运工程二级及以下资质施工单位安全生产三类人员的考核发证工作。

第十条 施工单位安全生产三类人员考核分为安全生产知识考试和安全管理能力考核两部分。考核合格的，由交通部或省级交通主管部门颁发《安全生产考核合格证书》。

第十一条 施工单位的垂直运输机械作业人员、施工船舶作业人员、爆破作业人员、安装拆卸工、起重信号工、电工、焊工等国家规定的特种作业人员，必须按照国家规定经过专门的安全作业培训，并取得特种作业操作资格证书后，方可上岗作业。

第十二条 施工单位在工程中使用施工起重机械和整体提升式脚手架、滑模爬模、架桥机等自行式架设设施前，应当组织有关单位进行验收，或者委托具有相应资质的检验检测机构进行验收，使用承租的机械设备和施工机具及配件的，由承租单位、出租单位和安装单位共同进行验收，验收合格的方可使用。验收合格后30日内，应向当地交通主管部门登记。

第十三条 从业单位应当对从业人员进行安全生产教育和培训，保证从业人员具备必要的安全生产知识，熟悉有关的安全生产规章制度和安全操作规程，掌握本岗位的安全操作技能。未经安全生产教育和培训合格的从业人员，不得上岗作业。

第三章 安全责任

第十四条 建设单位在编制工程招标文件时，应当确定公路水运工程项目安全作业环境及安全施工措施所需的安全生产费用。

安全生产费用由建设单位根据监理工程师对工程安全生产情况的签字确认进行支付。

第十五条 建设单位在公路水运工程施工招标文件中应当按照法律、法规的规定对施工单位的安全生产条件、安全生产信用情况、安全生产的保障措施等提出明确要求。

建设单位不得对咨询、勘察、设计、监理、施工、设备租赁、材料供应、检测等单位提出不符合工程安全生产法律、法规和工程建设强制性标准规定的要求。不得随意压缩合同规定的工期。

第十六条 勘察单位应当按照法律、法规和工程建设强制性标准进行勘察，重视地质环境对安全的影响，提交的勘察文件应当真实、准确，满足公路水运工程安全生产的需要。

勘察单位应当对有可能引发公路水运工程安全隐患的地质灾害提出防治建议。

勘察单位及勘察人员对勘察结论负责。

第十七条 设计单位应当按照法律、法规和工程建设强制性标准进行设计，防止因设计不合理导致安全生产隐患或者生产安全事故的发生。

采用新结构、新材料、新工艺的工程和特殊结构的工程，设计单位应当在设计文件中提出保障施工作业人员安全和预防生产安全事故的措施建议。

设计单位和设计人员应当对其设计负责。

第十八条 监理单位应当按照法律、法规和工程建设强制性标准进行监理，对工程安全生产承担监理责任。应当编制安全生产监理计划，明确监理人员的岗位职责、监理内容和方法等。对危险性较大的工程应当加强巡视检查。

监理单位应当审查施工组织设计中的安全技术措施或者专项施工方案是否符合工程建设强制性标准。监理单位在实施监理过程中，发现存在安全事故隐患的，应当要求施工单位整改，必要时，可下达施工暂停指令并向建设单位和有关部门报告。

监理单位应当填报安全监理日志和监理月报。

第十九条 为公路水运工程提供施工机械设备、设施和产品的单位，应确保配备齐全有效的保险、限位等安全装置，提供有关安全操作的说明，保证其提供的机械设备和设施等产品的质量和安全性能达到国家有关标准。所提供的机械设备、设施和产品应当具有生产(制造)许可证、产品合格证或者法定检验检测合格证明。对于尚无相关国家标准或者行业标准的设备和设施，应当保障其质量和安全性能。

第二十条 施工单位应当对施工安全生产承担责任。

施工单位主要负责人依法对本单位的安全生产工作全面负责。施工单位应当建立健全安全生产责任制度和安全生产教育培训制度及安全生产技术交底制度，制定安全生产规章制度和操作规程，保证本单位安全生产条件所需资金的投入，对所承担的公路水运工程进行定期和专项安全检查，并做好安全检查记录。

施工单位的项目负责人依法对项目的安全施工负责，落实安全生产各项制度，确保安全生产费用的有效使用，并根据工程特点组织制定安全施工措施，消除安全事故隐患，及时、如实报告生产安全事故。

本条所称安全生产技术交底制度，是指公路水运工程每项工程实施前，施工单位负责项目管理的技术人员对有关安全施工的技术要求向施工作业班组、作业人员详细说明，并由双方签字确认的制度。

第二十一条 施工单位应当设立安全生产管理机构，配备专职安全生产管理人员。施工现场应当按照每5 000万元施工合同额配备一名的比例配备专职安全生产管理人员，不足5 000万元的至少配备一名。

专职安全生产管理人员负责对安全生产进行现场监督检查，并做好检查记录，发现生产安全事故隐患，应当及时向项目负责人和安全生产管理机构报告；对违章指挥、违章操作和违反劳动纪律的，应当立即制止。

第二十二条 施工单位在工程报价中应当包含安全生产费用，一般不得低于投标价的1%，且不得作为竞争性报价。

安全生产费用，应当用于施工安全防护用具及设施的采购和更新、安全施工措施的落实、安全生产条件的改善，不得挪作他用。

第二十三条 施工单位应当在施工组织设计中编制安全技术措施和施工现场临时用电方案，对下列危险性较大的工程应当编制专项施工方案，并附安全验算结果，经施工单位技术负责人、监理工程师审查同意签字后实施，由专职安全生产管理人员进行现场监督：

（一）不良地质条件下有潜在危险性的土方、石方开挖；

（二）滑坡和高边坡处理；

（三）桩基础、挡墙基础、深水基础及围堰工程；

（四）桥梁工程中的梁、拱、柱等构件施工等；

（五）隧道工程中的不良地质隧道、高瓦斯隧道、水底海底隧道等；

（六）水上工程中的打桩船作业、施工船作业、外海孤岛作业、边通航边施工作业等；

（七）水下工程中的水下焊接、混凝土浇注、爆破工程等；

（八）爆破工程；

（九）大型临时工程中的大型支架、模板、便桥的架设与拆除；桥梁、码头的加固与拆除；

（十）其他危险性较大的工程。

必要时，施工单位对前款所列工程的专项施工方案，还应当组织专家进行论证、审查。

第二十四条 施工单位应当在施工现场出入口或者沿线各交叉口、施工起重机械、拌和场、临时用电设施、爆破物及有害危险气体和液体存放处以及孔洞口、隧道口、基坑边沿、脚手架、码头边沿、桥梁边沿等危险部位，设置明显的安全警示标志或者必要的安全防护设施。

施工单位应当根据不同施工阶段和周围环境及季节、气候的变化，在施工现场采取相应的安全施工措施。施工现场暂时停止施工的，施工单位应当做好现场防护。因施工单位安全生产隐患原因造成工程停工的，所需费用由施工单位承担，其他原因按照合同约定执行。

第二十五条 施工单位应当将施工现场的办公、生活区与作业区分开设置，并保持安全距离；办公、生活区的选址应当符合安全性要求。职工的膳食、饮水、休息场所、医疗救助设施等应当符合卫生标准。

施工现场临时搭建的建筑物应当符合安全使用要求。施工现场使用的装配式活动房屋应当具有生产（制造）许可证、产品合格证。

第二十六条 施工单位应当在施工现场建立消防安全责任制度，确定消防安全责任人，制定用火、用电、使用易燃易爆材料等各项消防管理制度和操作规程，设置消防通道，配备相应的消防设施和灭火器材。

第二十七条 施工单位应当向作业人员提供必需的安全防护用具和安全防护服装，书面告知危险岗位的操作规程并确保其熟悉和掌握有关内容和违章操作的危害。

作业人员有权对施工现场的作业条件、作业程序和作业方式中存在的安全问题提出批评、检举和控告，有权拒绝违章指挥和强令冒险作业。

在施工中发生可能危及人身安全的紧急情况时，作业人员有权立即停止作业或者在采取必要的应急措施后撤离危险区域。

第二十八条 作业人员应当遵守安全施工的工程建设强制性标准、规章制度，正确使用安全防护用具、机械设备等。

第二十九条 施工单位采购、租赁的安全防护用具、机械设备、施工机具及配件，应当具有生产（制造）许可证、产品合格证，并在进入施工现场前由专职安全管理人员进行查验。

施工现场的安全防护用具、机械设备、施工机具及配件必须由专人管理，定期进行检查、维修和保养，建立相应的资料档案，并按照国家有关规定及时报废。

第三十条 施工单位应当对管理人员和作业人员进行每年不少于两次的安全生产教育培训，其教育培训情况记入个人工作档案。

施工单位在采用新技术、新工艺、新设备、新材料时，应当对作业人员进行相应的安全生产教育培训。

新进人员和作业人员进入新的施工现场或者转入新的岗位前，施工单位应当对其进行安全生产培训考核。

未经安全生产教育培训考核或者培训考核不合格的人员，不得上岗作业。

第三十一条 施工单位应当为施工现场的人员办理意外伤害保险，意外伤害保险费应由施工单位支付。实行施工总承包的，由总承包单位支付意外伤害保险费。

第三十二条 建设工程实行施工总承包的，由总承包单位对施工现场的安全生产负总责。总承包单位依法将建设工程分包给其他单位的，分包合同中应当明确各自的安全生产方面的权利、义务。总承包单位对分包工程的安全生产承担连带责任。

分包单位应当服从总承包单位的安全生产管理，分包单位不服从管理导致生产安全事故的，由分包单位承担主要责任。

第三十三条 建设单位、施工单位应当针对本工程项目特点制定生产安全事故应急预案，定期组织演练。发生生产安全事故，施工单位应当立即向建设单位、监理单位和事故发生地的公路水运工程安全生产监督部门以及安全监督管理部门报告。建设单位、施工单位应当立即启动事故应急预案，组织力量抢救，保护好事故现场。

第四章 监督检查

第三十四条 公路水运工程安全生产监督管理部门在职责范围内履行安全生产监督检查职责时，有权采取下列措施：

（一）要求被检查单位提供有关安全生产的文件和资料；

（二）进入被检查单位施工现场进行检查；

（三）纠正施工中违反安全生产要求的行为，依法实施行政处罚。

第三十五条 公路水运工程安全生产监督管理部门对从业单位安全生产监督检查的内容主要有：

（一）从业单位安全生产条件的符合情况；

（二）施工单位安全生产三类人员和特种作业人员具备上岗资格情况；

（三）从业单位执行安全生产法律、法规、规章和工程建设强制性标准的情况；

（四）从业单位对安全生产管理制度、安全责任制度和各项应急预案的建立和落实情况；

（五）安全生产管理机构或者专职安全生产管理人员的设置和履行职责情况；

（六）员工的安全教育培训情况；

（七）其他应当监督检查的情况。

第三十六条 公路水运工程安全生产监督管理部门应当对公路水运工程下列施工现场的安全生产情况进行监督检查：

（一）现场驻地；

（二）施工作业点（面）；

（三）危险品存放地；

（四）预制厂、半成品加工厂；

（五）非标施工设备组装厂。

公路水运工程安全生产监督管理部门对易发生生产安全事故的危险工程及施工作业环节应当进行重点监督检查。

第三十七条 公路水运工程安全生产监督管理部门对监督检查中发现的安全问题，应当作出如下处理：

（一）从业单位存在安全管理问题需要整改的，以书面方式通知存在问题单位限期整改；

（二）从业单位存在严重安全事故隐患的，责令立即排除；

（三）重大安全事故隐患在排除前或者在排除过程中无法保证安全的，责令其从危险区域内撤出作业人员或者暂时停止施工；

（四）建设单位违反安全管理规定造成重大生产安全事故的，对全部或者部分使用国有资金的建设项目，暂停资金拨付；

（五）建设单位未列建设工程安全生产费用的，责令其限期改正并不得办理监督手续；逾期未改正的，责令该建设工程停止施工并通报批评。

被检查单位应当立即落实处理决定，并将整改结果书面报检查单位。责令停工的，应当经复查合格后，方可复工。

第三十八条 公路水运工程安全生产监督管理部门应当建立从业单位信用档案，并将监督检查情况和处理结果及时登录在安全生产信用管理系统中。

第三十九条 从业单位整改不力，多次整改仍然存在安全问题的，公路水运工程安全生产监督管理部门将其列入安全监督检查重点名单，登录在安全生产信用管理系统中，并向有关部门通报。

对存在重大安全事故隐患但拒绝整改或者整改效果不明显或者发生重特大安全事故等不再具备安全生产条件的，公路水运工程安全生产监督管理部门应当向安全生产许可证颁发部门通报，建议暂扣或者吊销安全生产许可证，同时向有关资质证书颁发部门建议降低资质等级。

第四十条 公路水运工程安全生产监督管理部门可委托具备国家规定资质条件的机构对容易发生重特大生产安全事故的工程项目和危险性较大的工程施工进行安全评价和监测。

第四十一条 公路水运工程安全生产监督管理部门应当健全内部管理制度，加强对监督管理人员的教育培训，提高执法水平。监督管理人员应当忠于职守，秉公办事，坚持原则，清正廉洁。与监督检查对象有利害关系的监督人员，应当回避。

第四十二条 公路水运工程安全生产监督管理部门应当建立举报制度，及时受理对公路水运工程生产安全事故或者事故隐患以及监督检查人员违法行为的检举、控告和投诉。

第五章 附 则

第四十三条 违反本办法规定，按照《中华人民共和国安全生产法》、《建设工程安全生产管理条例》、《安全生产许可证条例》的相关规定，给予行政处罚。

第四十四条 本办法自2007年3月1日起施行。

公路建设市场管理办法

（2004年12月21日 交通部令2004年第14号）

第一章 总 则

第一条 为加强公路建设市场管理，规范公路建设市场秩序，保证公路工程质量，促进公路建设市场健康发展，根据《中华人民共和国公路法》、《中华人民共和国招标投标法》、《建设工程质量管理条例》，制定本办法。

第二条 本办法适用于各级交通主管部门对公路建设市场的

监督管理活动。

第三条 公路建设市场遵循公平、公正、公开、诚信的原则。

第四条 国家建立和完善统一、开放、竞争、有序的公路建设市场,禁止任何形式的地区封锁。

第五条 本办法中下列用语的含义是指:

公路建设市场主体是指公路建设的从业单位和从业人员。

从业单位是指从事公路建设的项目法人,项目建设管理单位,咨询、勘察、设计、施工、监理、试验检测单位,提供相关服务的社会中介机构以及设备和材料的供应单位。

从业人员是指从事公路建设活动的人员。

第二章 管理职责

第六条 公路建设市场管理实行统一管理、分级负责。

第七条 国务院交通主管部门负责全国公路建设市场的监督管理工作,主要职责是:

(一)贯彻执行国家有关法律、法规,制定全国公路建设市场管理的规章制度;

(二)组织制定和监督执行公路建设的技术标准、规范和规程;

(三)依法实施公路建设市场准入管理、市场动态管理,并依法对全国公路建设市场进行监督检查;

(四)建立公路建设行业评标专家库,加强评标专家管理;

(五)发布全国公路建设市场信息;

(六)指导和监督省级地方人民政府交通主管部门的公路建设市场管理工作;

(七)依法受理举报和投诉,依法查处公路建设市场违法行为;

(八)法律、行政法规规定的其他职责。

第八条 省级人民政府交通主管部门负责本行政区域内公路建设市场的监督管理工作,主要职责是:

（一）贯彻执行国家有关法律、法规、规章和公路建设技术标准、规范和规程，结合本行政区域内的实际情况，制定具体的管理制度；

（二）依法实施公路建设市场准入管理，对本行政区域内公路建设市场实施动态管理和监督检查；

（三）建立本地区公路建设招标评标专家库，加强评标专家管理；

（四）发布本行政区域公路建设市场信息，并按规定向国务院交通主管部门报送本行政区域公路建设市场的信息；

（五）指导和监督下级交通主管部门的公路建设市场管理工作；

（六）依法受理举报和投诉，依法查处本行政区域内公路建设市场违法行为；

（七）法律、法规、规章规定的其他职责。

第九条　省级以下地方人民政府交通主管部门负责本行政区域内公路建设市场的监督管理工作，主要职责是：

（一）贯彻执行国家有关法律、法规、规章和公路建设技术标准、规范和规程；

（二）配合省级地方人民政府交通主管部门进行公路建设市场准入管理和动态管理；

（三）对本行政区域内公路建设市场进行监督检查；

（四）依法受理举报和投诉，依法查处本行政区域内公路建设市场违法行为；

（五）法律、法规、规章规定的其他职责。

第三章　市场准入管理

第十条　凡符合法律、法规规定的市场准入条件的从业单位和从业人员均可进入公路建设市场，任何单位和个人不得对公路建设市场实行地方保护，不得对符合市场准入条件的从业单位和从业人员实行歧视待遇。

第十一条 公路建设项目依法实行项目法人负责制。项目法人可自行管理公路建设项目,也可委托具备法人资格的项目建设管理单位进行项目管理。

项目法人或者其委托的项目建设管理单位的组织机构、主要负责人的技术和管理能力应当满足拟建项目的管理需要,符合国务院交通主管部门有关规定的要求。

第十二条 收费公路建设项目法人和项目建设管理单位进入公路建设市场实行备案制度。

收费公路建设项目可行性研究报告批准或依法核准后,项目投资主体应当成立或者明确项目法人。项目法人应当按照项目管理的隶属关系将其或者其委托的项目建设管理单位的有关情况报交通主管部门备案。

对不符合规定要求的项目法人或者项目建设管理单位,交通主管部门应当提出整改要求。

第十三条 公路工程勘察、设计、施工、监理、试验检测等从业单位应当按照法律、法规的规定,取得有关管理部门颁发的相应资质后,方可进入公路建设市场。

第十四条 法律、法规对公路建设从业人员的执业资格作出规定的,从业人员应当依法取得相应的执业资格后,方可进入公路建设市场。

第四章 市场主体行为管理

第十五条 公路建设从业单位和从业人员在公路建设市场中必须严格遵守国家有关法律、法规和规章,严格执行公路建设行业的强制性标准、各类技术规范及规程的要求。

第十六条 公路建设项目法人必须严格执行国家规定的基本建设程序,不得违反或者擅自简化基本建设程序。

第十七条 公路建设项目法人负责组织有关专家或者委托有相应工程咨询或者设计资质的单位,对施工图设计文件进行审查。施工图设计文件审查的主要内容包括:

（一）是否采纳工程可行性研究报告、初步设计批复意见；

（二）是否符合公路工程强制性标准、有关技术规范和规程要求；

（三）施工图设计文件是否齐全，是否达到规定的技术深度要求；

（四）工程结构设计是否符合安全和稳定性要求。

第十八条 公路建设项目法人应当按照项目管理隶属关系将施工图设计文件报交通主管部门审批。施工图设计文件未经审批的，不得使用。

第十九条 申请施工图设计文件审批应当向相关的交通主管部门提交以下材料：

（一）施工图设计的全套文件；

（二）专家或者委托的审查单位对施工图设计文件的审查意见；

（三）项目法人认为需要提交的其他说明材料。

第二十条 交通主管部门应当自收到完整齐备的申请材料之日起20日内审查完毕。经审查合格的，批准使用，并将许可决定及时通知申请人。审查不合格的，不予批准使用，应当书面通知申请人并说明理由。

第二十一条 公路建设项目法人应当按照公开、公平、公正的原则，依法组织公路建设项目的招标投标工作。不得规避招标，不得对潜在投标人和投标人实行歧视政策，不得实行地方保护和暗箱操作。

第二十二条 公路工程的勘察、设计、施工、监理单位和设备、材料供应单位应当依法投标，不得弄虚作假，不得串通投标，不得以行贿等不合法手段谋取中标。

第二十三条 公路建设项目法人与中标人应当根据招标文件和投标文件签订合同，不得附加不合理、不公正条款，不得签订虚假合同。

国家投资的公路建设项目，项目法人与施工、监理单位应当按照国务院交通主管部门的规定，签订廉政合同。

第二十四条 公路建设项目依法实行施工许可制度。国家和国务院交通主管部门确定的重点公路建设项目的施工许可由国务院交通主管部门实施，其他公路建设项目的施工许可按照项目管理权限由县级以上地方人民政府交通主管部门实施。

第二十五条 项目施工应当具备以下条件：

（一）项目已列入公路建设年度计划；

（二）施工图设计文件已经完成并经审批同意；

（三）建设资金已经落实，并经交通主管部门审计；

（四）征地手续已办理，拆迁基本完成；

（五）施工、监理单位已依法确定；

（六）已办理质量监督手续，已落实保证质量和安全的措施。

第二十六条 项目法人在申请施工许可时应当向相关的交通主管部门提交以下材料：

（一）施工图设计文件批复；

（二）交通主管部门对建设资金落实情况的审计意见；

（三）国土资源部门关于征地的批复或者控制性用地的批复；

（四）建设项目各合同段的施工单位和监理单位名单、合同价情况；

（五）应当报备的资格预审报告、招标文件和评标报告；

（六）已办理的质量监督手续材料；

（七）保证工程质量和安全措施的材料。

第二十七条 交通主管部门应当自收到完整齐备的申请材料之日起20日内作出行政许可决定。予以许可的，应当将许可决定及时通知申请人；不予许可的，应当书面通知申请人并说明理由。

第二十八条 公路建设从业单位应当按照合同约定全面履行义务：

（一）项目法人应当按照合同约定履行相应的职责，为项目实施创造良好的条件；

（二）勘察、设计单位应当按照合同约定，按期提供勘察设计

资料和设计文件。工程实施过程中,应当按照合同约定派驻设计代表,提供设计后续服务;

(三)施工单位应当按照合同约定组织施工,管理和技术人员及施工设备应当及时到位,以满足工程需要。要均衡组织生产,加强现场管理,确保工程质量和进度,做到文明施工和安全生产;

(四)监理单位应当按照合同约定配备人员和设备,建立相应的现场监理机构,健全监理管理制度,保持监理人员稳定,确保对工程的有效监理;

(五)设备和材料供应单位应当按照合同约定,确保供货质量和时间,做好售后服务工作;

(六)试验检测单位应当按照试验规程和合同约定进行取样、试验和检测,提供真实、完整的试验检测资料。

第二十九条 公路工程实行政府监督、法人管理、社会监理、企业自检的质量保证体系。交通主管部门及其所属的质量监督机构对工程质量负监督责任,项目法人对工程质量负管理责任,勘察设计单位对勘察设计质量负责,施工单位对施工质量负责,监理单位对工程质量负现场管理责任,试验检测单位对试验检测结果负责,其他从业单位和从业人员按照有关规定对其产品或者服务质量负相应责任。

第三十条 各级交通主管部门及其所属的质量监督机构对工程建设项目进行监督检查时,公路建设从业单位和从业人员应当积极配合,不得拒绝和阻挠。

第三十一条 公路建设从业单位和从业人员应当严格执行国家有关安全生产的法律、法规、国家标准及行业标准,建立健全安全生产的各项规章制度,明确安全责任,落实安全措施,履行安全管理的职责。

第三十二条 发生工程质量、安全事故后,从业单位应当按照有关规定及时报有关主管部门,不得拖延和隐瞒。

第三十三条 公路建设项目法人应当合理确定建设工期,严格按照合同工期组织项目建设。项目法人不得随意要求更改合同工期。如遇特殊情况，确需缩短合同工期的，经合同双方协商一致，可以缩短合同工期，但应当采取措施，确保工程质量，并按照合同规定给予经济补偿。

第三十四条 公路建设项目法人应当按照国家有关规定管理和使用公路建设资金，做到专款专用，专户储存；按照工程进度，及时支付工程款；按照规定的期限及时退还保证金、办理工程结算。不得拖欠工程款和征地拆迁款，不得挤占挪用建设资金。

施工单位应当加强工程款管理，做到专款专用，不得拖欠分包人的工程款和农民工工资；项目法人对工程款使用情况进行监督检查时，施工单位应当积极配合，不得阻挠和拒绝。

第三十五条 公路建设从业单位和从业人员应当严格执行国家和地方有关环境保护和土地管理的规定，采取有效措施保护环境和节约用地。

第三十六条 公路建设项目法人、监理单位和施工单位对勘察设计中存在的问题应当及时提出设计变更的意见，并依法履行审批手续。设计变更应当符合国家制定的技术标准和设计规范要求。

任何单位和个人不得借设计变更虚报工程量或者提高单价。

重大工程变更设计应当按有关规定报原初步设计审批部门批准。

第三十七条 勘察、设计单位经项目法人批准，可以将工程设计中跨专业或者有特殊要求的勘察、设计工作委托给有相应资质条件的单位，但不得转包或者二次分包。

监理工作不得分包或者转包。

第三十八条 施工单位可以将非关键性工程或者适合专业化队伍施工的分部工程分包给具有相应资质的单位，并对分包工程负连带责任。允许分包的工程范围应当在招标文件中规定，分包的工程不得超过总工程量的30%。分包工程不得再次分包，严禁转包。

任何单位和个人不得违反规定指定分包、指定采购或者分割工程。

项目法人和监理单位应当加强对施工单位工程分包的管理，工程分包计划和所有分包协议须报监理工程师审查，并报项目法人同意。

第三十九条 施工单位可以直接招用农民工或者将劳务作业发包给具有劳务分包资质的劳务分包人。施工单位招用农民工的，应当依法签订劳动合同，并将劳动合同报项目监理工程师和项目法人备案。

施工单位和劳务分包人应当按照合同按时支付劳务工资，落实各项劳动保护措施，确保农民工安全。

劳务分包人应当接受施工单位的管理，按照技术规范要求进行劳务作业。劳务分包人不得将其分包的劳务作业再次分包。

第四十条 项目法人和监理单位应当加强对施工单位使用农民工的管理，对不签订劳动合同、非法使用农民工的，或者拖延和克扣农民工工资的，要予以纠正。拒不纠正的，项目法人要及时将有关情况报交通主管部门调查处理。

第四十一条 项目法人应当按照交通部《公路工程竣(交)工验收办法》的规定及时组织项目的交工验收，并报请交通主管部门进行竣工验收。

第五章 动态管理

第四十二条 各级交通主管部门应当加强对公路建设从业单位和从业人员的市场行为的动态管理。应当建立举报投诉制度，查处违法行为，对有关责任单位和责任人依法进行处理。

第四十三条 国务院交通主管部门和省级地方人民政府交通主管部门应当建立公路建设市场的信用管理体系，对进入公路建设市场的从业单位和主要从业人员在招投标活动、签订合同和履行合同中的信用情况进行记录并向社会公布。

第四十四条 公路工程勘察、设计、施工、监理等从业单位应当按照项目管理的隶属关系，向交通主管部门提供本单位的基本情况、承接任务情况和其他动态信息，并对所提供信息的真实性、准确性和完整性负责。项目法人应当将其他从业单位在建设项目中的履约情况，按照项目管理的隶属关系报交通主管部门，由交通主管部门核实后记入从业单位信用记录中。

第四十五条 从业单位和主要从业人员的信用记录应当作为公路建设项目招标资格审查和评标工作的重要依据。

第六章 法律责任

第四十六条 对公路建设从业单位和从业人员违反本办法规定进行的处罚，国家有关法律、法规和交通部规章已有规定的，适用其规定；没有规定的，由交通主管部门根据各自的职责按照本办法规定进行处罚。

第四十七条 项目法人违反本办法规定，实行地方保护的或者对公路建设从业单位和从业人员实行歧视待遇的，由交通主管部门责令改正。

第四十八条 从业单位违反本办法规定，在申请公路建设从业许可时，隐瞒有关情况或者提供虚假材料的，行政机关不予受理或者不予行政许可，并给予警告；行政许可申请人在1年内不得再次申请该行政许可。

被许可人以欺骗、贿赂等不正当手段取得从业许可的，行政机关应当依照法律、法规给予行政处罚；申请人在3年内不得再次申请该行政许可；构成犯罪的，依法追究刑事责任。

第四十九条 投标人相互串通投标或者与招标人串通投标的，投标人以向招标人或者评标委员会成员行贿的手段谋取中标的，中标无效，处中标项目金额5‰以上10‰以下的罚款，对单位直接负责的主管人员和其他直接责任人员处单位罚款数额5%以上10%以下的罚款；有违法所得的，并处没收违法所得；情节严重的，取消其1年至2年内参加依法必须进行招标的项目的投标资格并予以公告；构成犯罪的，依法追究刑事责任。给他人造成损失的，依法承担赔偿责任。

第五十条 投标人以他人名义投标或者以其他方式弄虚作假，骗取中标的，中标无效，给招标人造成损失的，依法承担赔偿责任；构成犯罪的，依法追究刑事责任。

依法必须进行招标的项目的投标人有前款所列行为尚未构成犯罪的，处中标项目金额5‰以上10‰以下的罚款，对单位直接负责的主管人员和其他直接责任人员处单位罚款数额5%以上10%以下的罚款；有违法所得的，并处没收违法所得；情节严重的，取消其1年至3年内参加依法必须进行招标的项目的投标资格并予以公告。

第五十一条 项目法人违反本办法规定，拖欠工程款和征地拆迁款的，由交通主管部门责令改正，并由有关部门依法对有关责任人员给予行政处分。

第五十二条 除因不可抗力不能履行合同的，中标人不按照与招标人订立的合同履行施工质量、施工工期等义务，造成重大或者特大质量和安全事故，或者造成工期延误的，取消其2年至5年内参加依法必须进行招标的项目的投标资格并予以公告。

第五十三条 施工单位有以下违法违规行为的，由交通主管部门责令改正，并由有关部门依法对有关责任人员给予行政处分。

（一）违反本办法规定，拖欠分包人工程款和农民工工资的；

（二）违反本办法规定，造成生态环境破坏和乱占土地的；

（三）违反本办法规定，在变更设计中弄虚作假的；

（四）违反本办法规定，不按规定签订劳动合同的。

第五十四条 违反本办法规定，承包单位将承包的工程转包或者违法分包的，责令改正，没收违法所得，对勘察、设计单位处合同约定的勘察费、设计费25%以上50%以下的罚款；对施工单位处工程合同价款5‰以上10‰以下的罚款；可以责令停业整顿，降低资质等级；情节严重的，吊销资质证书。

工程监理单位转让工程监理业务的，责令改正，没收违法所得，处合同约定的监理酬金25%以上50%以下的罚款；可以责令停业整顿，降低资质等级；情节严重的，吊销资质证书。

第五十五条　公路建设从业单位违反本办法规定,在向交通主管部门填报有关市场信息时弄虚作假的,由交通主管部门责令改正。

第五十六条　各级交通主管部门和其所属的质量监督机构的工作人员违反本办法规定,在建设市场管理中徇私舞弊、滥用职权或者玩忽职守的,按照国家有关规定处理。构成犯罪的,由司法部门依法追究刑事责任。

第七章　附　　则

第五十七条　本办法由交通部负责解释。

第五十八条　本办法自2005年3月1日起施行。交通部1996年7月11日公布的《公路建设市场管理办法》同时废止。

高危行业企业安全生产费用财务管理暂行办法

(财企〔2006〕478号)

第一章　总　　则

第一条　为了建立高危行业企业安全生产投入长效机制,加强企业安全生产费用财务管理,维护企业、职工以及社会公共利益,根据有关法律和国务院有关决定,制定本办法。

第二条　在中华人民共和国境内从事矿山开采、建筑施工、危险品生产以及道路交通运输的企业以及其他经济组织(以下简称企业)适用本办法。

国家对煤炭开采企业和烟花爆竹生产企业另有规定的,从其规定。地热、温泉、矿泉水、卤盐开采矿山和河道采砂、采金船作业、小型砖瓦粘土矿等危险性较小的非煤矿山,不适用本办法。

第三条　企业应当建立安全生产费用管理制度。

安全生产费用(以下简称安全费用)是指企业按照规定标准提取,在成本中列支,专门用于完善和改进企业安全生产条件的资金。

第四条 安全费用按照“企业提取、政府监管、确保需要、规范使用”的原则进行财务管理。

第五条 本办法下列用语的含义是：

矿山开采是指石油和天然气、金属矿、非金属矿及其他矿产资源的勘探和生产、闭坑及有关活动。

建筑施工是指土木工程、建筑工程、井巷工程、线路管道和设备安装及装修工程的新建、扩建、改建以及矿山建设。

危险品是指列入国家标准《危险货物品名表》(GB12268)和国家有关部门确定并公布的《剧毒化学品目录》的物品，包括军工生产危险品和民用爆炸物品等。

道路交通运输是指以机动车为交通工具的旅客和货物运输。

第二章 安全费用的提取标准

第六条 矿山企业安全费用依据开采的原矿产量按月提取。各类矿山原矿单位产量安全费用提取标准如下：

(一)石油，每吨原油 17 元；

(二)天然气，每千立方米原气 5 元；

(三)金属矿山，其中露天矿山每吨 4 元，井下矿山每吨 8 元；

(四)核工业矿山，每吨 22 元；

(五)非金属矿山，其中露天矿山每吨(立方米)1 元，井下矿山每吨(立方米)2 元；

(六)小型露天采石场，即年采剥总量 50 万吨以下，且最大开采高度不超过 50 米，产品用于建筑、铺路的山坡型露天采石场，每吨 0.5 元。

原矿产量不含金属、非金属矿山尾矿库和废石场中用于综合利用的尾砂和低品位矿石。

第七条 煤系及与煤共(伴)生的金属非金属矿山、水体下开采矿山、有自然发火可能性的矿山、在需要保护的建(构)筑物和铁路下面开采的矿山，以及其他对安全生产有特殊要求的矿山，经省级安全生产监督管理局会同财政厅(局)核准后,可以在本办法第六条规定的基础上提高提取标准,但增加的提取标准不得超过原提取标准的50%。

第八条 建筑施工企业以建筑安装工程造价为计提依据。各工程类别安全费用提取标准如下:

(一)房屋建筑工程、矿山工程为2.0%;

(二)电力工程、水利水电工程、铁路工程为1.5%;

(三)市政公用工程、冶炼工程、机电安装工程、化工石油工程、港口与航道工程、公路工程、通信工程为1.0%。

建筑施工企业提取的安全费用列入工程造价,在竞标时,不得删减。国家对基本建设投资概算另有规定的,从其规定。

总包单位应当将安全费用按比例直接支付分包单位,分包单位不再重复提取。

第九条 危险品生产企业以本年度实际销售收入为计提依据,采取超额累退方式按照以下标准逐月提取:

(一)全年实际销售收入在1 000万元及以下的,按照4%提取;

(二)全年实际销售收入在1 000万元至10 000万元(含)的部分,按照2%提取;

(三)全年实际销售收入在10 000万元至100 000万元(含)的部分,按照0.5%提取;

(四)全年实际销售收入在100 000万元以上的部分,按照0.2%提取。

第十条 道路交通运输企业以营业收入为计提依据,按照以下标准逐月提取:

(一)客运业务按照0.5%提取;

(二)普通货运业务按照1%提取;

(三)危险品等特殊货运业务按照1.5%提取。

第十一条 中小型企业和大型企业上年末安全费用专户结余分别达到本企业上年度销售收入的5%和2%时,经当地县级以上安全生产监督管理部门商财政部门同意，企业本年度可以缓提或少提安全费用。

企业规模划分标准按照原国家经贸委、原国家计委、财政部、国家统计局《关于印发中小企业标准暂行规定的通知》（国经贸中小企[2003]143号）和国家统计局《统计上大中小型企业划分办法（暂行）》（国统字[2003]17号）规定执行。

第十二条 本办法公布前，各省级政府已制定下发企业安全生产费用提取使用办法的，其提取标准如果低于本办法规定的标准，应当按照本办法进行调整；如果高于本办法规定的标准，按照原标准执行。

第三章 安全生产费用的使用和管理

第十三条 安全费用应当按照以下规定范围使用。

（一）完善、改造和维护安全防护设备、设施支出，其中：

1. 矿山企业安全设备设施是指矿山综合防尘、地质监控、防灭火、防治水、危险气体监测、通风系统，支护及防治边帮滑坡设备、机电设备、供配电系统、运输（提升）系统以及尾矿库（坝）等；

2. 危险品生产企业安全设备设施是指车间、库房等作业场所的监控、监测、通风、防晒、调温、防火、灭火、防爆、泄压、防毒、消毒、中和、防潮、防雷、防静电、防腐、防渗漏、防护围堤或者隔离操作等设施设备；

3. 道路交通运输企业安全设备设施是指运输工具安全状况检测及维护系统、运输工具附属安全设备等。

（二）配备必要的应急救援器材、设备和现场作业人员安全防护物品支出。

（三）安全生产检查与评价支出。

（四）重大危险源、重大事故隐患的评估、整改、监控支出。

（五）安全技能培训及进行应急救援演练支出。

（六）其他与安全生产直接相关的支出。

第十四条 在本办法规定的使用范围内，企业应当将安全费用优先用于满足安全生产监督管理部门对企业安全生产提出的整改措施或达到安全生产标准所需支出。

第十五条 企业提取安全费用应当专户核算，按规定范围安排使用。年度结余下年度使用，当年计提安全费用不足的，超出部分按正常成本费用渠道列支。

集团公司经过履行内部决策程序，可以对所属企业提取的安全费用按照一定比例集中管理，统筹使用。

第十六条 企业应当建立健全内部安全费用管理制度，明确安全费用使用、管理的程序、职责及权限，接受安全生产监督管理部门和财政部门的监督。

第十七条 企业利用安全费用形成的资产，应当纳入相关资产进行管理。

第十八条 企业应当为从事高空、高压、易燃、易爆、剧毒、放射性、高速运输、野外、矿井等高危作业的人员办理团体人身意外伤害保险或个人意外伤害保险。所需保险费用直接列入成本（费用），不在安全费用中列支。

企业为职工提供的职业病防治、工伤保险、医疗保险所需费用，不在安全费用中列支。

第十九条 矿山企业已提取维持简单再生产费用的，应当继续提取维持简单再生产费用，但其使用范围不再包含安全生产方面的用途。

第二十条 危险品生产企业转产、停产、停业或者解散的，应将安全费用结余用于处理转产、停产、停业或者解散前危险品生产或储存的设备、库存产品及生产原料所需支出。

第二十一条 企业由于产权转让、公司制改建等变更股权结构或者组织形式的，其结余的安全费用应当继续按照本办法管理使用。

企业调整业务、终止经营或者依法清算，其结余的安全费用应当结转本期收益或者清算收益。

第四章　财务监督

第二十二条　企业应当及时、足额提取安全费用，并按规定使用。在年度财务会计报告中，企业应当披露安全费用提取和使用的具体情况。

第二十三条　财政部门、安全生产监督管理部门对企业安全费用提取、管理、使用进行监督检查。

第二十四条　企业未按本办法提取和使用安全费用的，安全生产监督管理部门应当会同财政部门责令其限期改正、予以警告。逾期不改正的，由安全生产监督管理部门按照相关法规进行处理。

第五章　附　　则

第二十五条　企业安全费用的会计处理，应当符合国家统一的会计制度的规定。

第二十六条　各省、自治区、直辖市财政部门和安全生产监督管理部门可以结合本地区实际情况，制订具体实施办法，并报财政部、国家安全生产监督管理总局备案。

第二十七条　本办法由财政部、国家安全生产监督管理总局负责解释。

第二十八条　本办法自2007年1月1日起施行。

安全生产领域违法违纪行为政纪处分暂行规定

（2006年11月，中华人民共和国监察部、
国家安全生产监督管理总局第11号令）

第一条　为了加强安全生产工作，惩处安全生产领域违法违纪行为，促进安全生产法律法规的贯彻实施，保障人民群众生命财产和公共财产安全，根据《中华人民共和国行政监察法》、《中华人民共和国安全生产法》及其他有关法律法规，制定本规定。

第二条　国家行政机关及其公务员，企业、事业单位中由国家

行政机关任命的人员有安全生产领域违法违纪行为，应当给予处分的，适用本规定。

第三条 有安全生产领域违法违纪行为的国家行政机关，对其直接负责的主管人员和其他直接责任人员，以及对有安全生产领域违法违纪行为的国家行政机关公务员（以下统称有关责任人员），由监察机关或者任免机关按照管理权限，依法给予处分。

有安全生产领域违法违纪行为的企业、事业单位，对其直接负责的主管人员和其他直接责任人员，以及对有安全生产领域违法违纪行为的企业、事业单位工作人员中由国家行政机关任命的人员（以下统称有关责任人员），由监察机关或者任免机关按照管理权限，依法给予处分。

第四条 国家行政机关及其公务员有下列行为之一的，对有关责任人员，给予警告、记过或者记大过处分；情节较重的，给予降级或者撤职处分；情节严重的，给予开除处分：

（一）不执行国家安全生产方针政策和安全生产法律、法规、规章以及上级机关、主管部门有关安全生产的决定、命令、指示的；

（二）制定或者采取与国家安全生产方针政策以及安全生产法律、法规、规章相抵触的规定或者措施，造成不良后果或者经上级机关、有关部门指出仍不改正的。

第五条 国家行政机关及其公务员有下列行为之一的，对有关责任人员，给予警告、记过或者记大过处分；情节较重的，给予降级或者撤职处分；情节严重的，给予开除处分：

（一）向不符合法定安全生产条件的生产经营单位或者经营者颁发有关证照的；

（二）对不具备法定条件机构、人员的安全生产资质、资格予以批准认定的；

（三）对经责令整改仍不具备安全生产条件的生产经营单位，不撤销原行政许可、审批或者不依法查处的；

（四）违法委托单位或者个人行使有关安全生产的行政许可权或者审批权的；

（五）有其他违反规定实施安全生产行政许可或者审批行为的。

第六条 国家行政机关及其公务员有下列行为之一的，对有关责任人员，给予警告、记过或者记大过处分；情节较重的，给予降级或者撤职处分；情节严重的，给予开除处分：

（一）批准向合法的生产经营单位或者经营者超量提供剧毒品、火工品等危险物资，造成后果的；

（二）批准向非法或者不具备安全生产条件的生产经营单位或者经营者，提供剧毒品、火工品等危险物资或者其他生产经营条件的。

第七条 国家行政机关公务员利用职权或者职务上的影响，违反规定为个人和亲友谋取私利，有下列行为之一的，给予警告、记过或者记大过处分；情节较重的，给予降级或者撤职处分；情节严重的，给予开除处分：

（一）干预、插手安全生产装备、设备、设施采购或者招标投标等活动的；

（二）干预、插手安全生产行政许可、审批或者安全生产监督执法的；

（三）干预、插手安全生产中介活动的；

（四）有其他干预、插手生产经营活动危及安全生产行为的。

第八条 国家行政机关及其公务员有下列行为之一的，对有关责任人员，给予警告、记过或者记大过处分；情节较重的，给予降级或者撤职处分；情节严重的，给予开除处分：

（一）未按照有关规定对有关单位申报的新建、改建、扩建工程项目的安全设施，与主体工程同时设计、同时施工、同时投入生产和使用中组织审查验收的；

（二）发现存在重大安全隐患，未按规定采取措施，导致生产安全事故发生的；

（三）对发生的生产安全事故瞒报、谎报、拖延不报，或者组织、参与瞒报、谎报、拖延不报的；

（四）生产安全事故发生后，不及时组织抢救的；

（五）对生产安全事故的防范、报告、应急救援有其他失职、渎职行为的。

第九条 国家行政机关及其公务员有下列行为之一的，对有关责任人员，给予警告、记过或者记大过处分；情节较重的，给予降级或者撤职处分；情节严重的，给予开除处分：

（一）阻挠、干涉生产安全事故调查工作的；

（二）阻挠、干涉对事故责任人员进行责任追究的；

（三）不执行对事故责任人员的处理决定，或者擅自改变上级机关批复的对事故责任人员的处理意见的。

第十条 国家行政机关公务员有下列行为之一的，给予警告、记过或者记大过处分；情节较重的，给予降级或者撤职处分；情节严重的，给予开除处分：

（一）本人及其配偶、子女及其配偶违反规定在煤矿等企业投资入股或者在安全生产领域经商办企业的；

（二）违反规定从事安全生产中介活动或者其他营利活动的；

（三）在事故调查处理时，滥用职权、玩忽职守、徇私舞弊的；

（四）利用职务上的便利，索取他人财物，或者非法收受他人财物，在安全生产领域为他人谋取利益的。

对国家行政机关公务员本人违反规定投资入股煤矿的处分，法律、法规另有规定的，从其规定。

第十一条 国有企业及其工作人员有下列行为之一的，对有关责任人员，给予警告、记过或者记大过处分；情节较重的，给予降级、撤职或者留用察看处分；情节严重的，给予开除处分：

（一）未取得安全生产行政许可及相关证照或者不具备安全生产条件从事生产经营活动的；

（二）弄虚作假，骗取安全生产相关证照的；

（三）出借、出租、转让或者冒用安全生产相关证照的；

（四）未按照有关规定保证安全生产所必需的资金投入，导致产生重大安全隐患的；

（五）新建、改建、扩建工程项目的安全设施，不与主体工程同时设计、同时施工、同时投入生产和使用，或者未按规定审批、验收，擅自组织施工和生产的；

（六）被依法责令停产停业整顿、吊销证照、关闭的生产经营单位，继续从事生产经营活动的。

第十二条 国有企业及其工作人员有下列行为之一，导致生产安全事故发生的，对有关责任人员，给予警告、记过或者记大过处分；情节较重的，给予降级、撤职或者留用察看处分；情节严重的，给予开除处分：

（一）对存在的重大安全隐患，未采取有效措施的；

（二）违章指挥，强令工人违章冒险作业的；

（三）未按规定进行安全生产教育和培训并经考核合格，允许从业人员上岗，致使违章作业的；

（四）制造、销售、使用国家明令淘汰或者不符合国家标准的设施、设备、器材或者产品的；

（五）超能力、超强度、超定员组织生产经营，拒不执行有关部门整改指令的；

（六）拒绝执法人员进行现场检查或者在被检查时隐瞒事故隐患，不如实反映情况的；

（七）有其他不履行或者不正确履行安全生产管理职责的。

第十三条 国有企业及其工作人员有下列行为之一的，对有关责任人员，给予记过或者记大过处分；情节较重的，给予降级、撤职或者留用察看处分；情节严重的，给予开除处分：

（一）对发生的生产安全事故瞒报、谎报或者拖延不报的；

（二）组织或者参与破坏事故现场、出具伪证或者隐匿、转移、篡改、毁灭有关证据，阻挠事故调查处理的；

（三）生产安全事故发生后，不及时组织抢救或者擅离职守的。

生产安全事故发生后逃匿的，给予开除处分。

第十四条 国有企业及其工作人员不执行或者不正确执行对

事故责任人员作出的处理决定，或者擅自改变上级机关批复的对事故责任人员的处理意见的，对有关责任人员，给予警告、记过或者记大过处分；情节较重的，给予降级、撤职或者留用察看处分；情节严重的，给予开除处分。

第十五条 国有企业负责人及其配偶、子女及其配偶违反规定在煤矿等企业投资入股或者在安全生产领域经商办企业的，对由国家行政机关任命的人员，给予警告、记过或者记大过处分；情节较重的，给予降级、撤职或者留用察看处分；情节严重的，给予开除处分。

第十六条 承担安全评价、培训、认证、资质验证、设计、检测、检验等工作的机构及其工作人员，出具虚假报告等与事实不符的文件、材料，造成安全生产隐患的，对有关责任人员，给予警告、记过或者记大过处分；情节较重的，给予降级、降职或者撤职处分；情节严重的，给予开除留用察看或者开除处分。

第十七条 法律、法规授权的具有管理公共事务职能的组织以及国家行政机关依法委托的组织及其工勤人员以外的工作人员有安全生产领域违法违纪行为，应当给予处分的，参照本规定执行。

企业、事业单位中除由国家行政机关任命的人员外，其他人员有安全生产领域违法违纪行为，应当给予处分的，由企业、事业单位参照本规定执行。

第十八条 有安全生产领域违法违纪行为，需要给予组织处理的，依照有关规定办理。

第十九条 有安全生产领域违法违纪行为，涉嫌犯罪的，移送司法机关依法处理。

第二十条 本规定由监察部和国家安全生产监督管理总局负责解释。

第二十一条 本规定自公布之日起施行。

第二章　技术篇

第一节　地质灾害

在地质灾害严重的地区施工时，除了要注意按照设计要求进行施工以外，还要特别注意对地质灾害的调查和识别。

一、不稳定斜坡

有下列情况之一者，应视为该斜坡具备失稳条件：

(1)各种类型的危岩体；

(2)斜坡岩体中有倾向坡外、倾角小于坡角的结构面存在；

(3)斜坡被两组或两组以上结构面切割，形成不稳定棱体，其底棱线倾向坡外，且倾角小于斜坡坡角；

(4)斜坡后缘已产生拉裂缝；

(5)顺坡走向卸荷裂隙发育的高陡斜坡或凹腔深度大于裂隙带；

(6)岸边裂隙发育、表层岩体已发生蠕动或变形的斜坡；

(7)坡足或坡基存在缓倾的软弱层；

(8)位于库岸或河岸水位变动带，渠道沿线或地下水溢出带附近，工程建成后可能经常处于浸湿状态的软质岩石或第四系沉积物组成的斜坡。

二、滑　坡

应了解滑坡区及其邻近稳定地段，一般包括滑坡后壁外一定距离(滑坡滑动会影响和危害的区域)，滑坡体两侧自然沟谷和滑坡舌前缘一定距离或江、河、湖水边；注意查明滑坡的发生与地层结构、岩性、断裂构造（岩体滑坡尤为重要）、地貌及其演变、水文地质条件、地震和人为活动因素的关系，找出引起滑坡或滑坡复活的主导因素；调查滑坡体上各种裂缝的分布特征，发生的先后顺序、切割和组合关系，分清裂缝的力学属性，如拉张、剪切、鼓胀裂缝等，藉以作为滑坡体平面上分块、分条和纵剖面分段的依据，分析滑坡的形成机制；通过裂缝的调查，藉以分析判断滑动面的深度和倾角大小。滑坡体上裂缝纵横，往往是滑动面埋藏不深的反映；裂缝单一或仅见边界裂缝，则滑动面埋深可能较大；如果基础埋深不大的挡土墙开裂，则滑动面往往不会很深；如果斜坡已有明显位移，而挡土墙等依然完好，则滑动面埋深较深；滑坡壁上的平缓擦痕的倾角，与该处滑动面倾角接近一致；滑坡体的差速裂缝两壁也会出现缓倾角擦痕，同样是下部滑动面倾角的反映；对岩体滑坡应注意调查缓倾角的层理面、层间错动面、不整合面、假整合面、断层面、节理面和片理面等，若这些结构面的倾向与坡向一致，且其倾角小于斜坡前缘临空面倾角，则很可能发展成为滑动面。对土体滑坡，则首先应注意土层与岩层的接触面构成的滑带形态特征及控制因素，其次应注意土体内部岩性差异界面；调查滑动体上或其邻近的建、构筑物（包括支挡和排水构筑物）的裂缝，但应注意区分滑坡引起的裂缝与施工裂缝、填方基础不均匀沉降裂缝、自重与非自重黄土湿陷裂缝、膨胀土裂缝、温度裂缝和冻胀裂缝的差异，避免误判；调查滑带水和地下水情况，泉水出露地点及流量，地表水自然排泄沟渠的分布和断面，湿地的分布和变迁情况等；围绕判断是首次滑动的新生滑坡还是再次滑动的古（老）滑坡进行调查。古（老）滑坡的识别标志见表2-1。

三、崩　塌

1. 危岩体

（1）危岩体位置、形态、分布高程、规模。

（2）危岩体及周边的地质构造、地层岩性、地形地貌、岩（土）体

古(老)滑坡的识别标志　　表 2-1

标志 类别	标志 亚类	内容	等级
形态	宏观形态	1. 圈椅状地形	B
		2. 双沟同源地貌	B
		3. 坡体后缘出现洼地	C
		4. 大平台地形(与外围不一致、非河流阶地、非构造平台或风化差异平台)	C
		5. 不正常河流弯道	C
	微观形态	6. 反倾向台面地形	C
		7. 小台阶与平台相间	C
		8. 马刀树或醉汉林	C
		9. 坡体前方、侧边出现擦痕面、镜面(非构造成因)	A
		10. 浅部表层坍滑广泛	C
地层	老地层变动	11. 明显的产状变动(排除了别的原因)	B
		12. 架空、松弛、破碎	C
		13. 大段孤立岩体掩覆在新地层之上	A
		14. 大段变形岩体位于土状堆积物之中	B
	新地层变动	15. 变形、变位岩体被新地层掩覆	C
		16. 山体后部洼地内出现局部湖相地层	B
		17. 变形、变位岩体上掩覆湖相地层	C
		18. 上游方出现湖相地层	C
变形等		19. 古墓、古建筑变形	C
		20. 构成坡体的岩土结构零乱、强度低	B
		21. 开挖后易坍滑	C
		22. 斜坡前部地下水呈线状出露、湿地	C
		23. 古树等被掩埋	C
历史记载访问材料		24. 发生过滑坡的记载和口述	A
		25. 发生过变形的记载和口述	C

注:属 A 级标志,可单独判别为属古、老滑坡;2 个 B 级标志或 1 个 B 级、2 个 C 级,或 4 个 C 级标志可判别为古、老滑坡。迹象愈多,则判别的可靠性愈高。

结构类型、斜坡组构类型。岩土体结构应初步查明软弱(夹)层、断层、褶曲、裂隙、裂缝、临空面、侧边界、底界(崩滑带)以及它们对危岩体的控制和影响。

(3)危岩体及周边的水文地质条件和地下水储存特征。

(4)危岩体周边及底界以下地质体的工程地质特征。

(5)危岩体变形发育史。历史上危岩体形成的时间,危岩体发生崩塌的次数、发生时间,崩塌前兆特征、崩塌方向、崩塌运动距离、堆积场所、崩塌规模、引发因素,变形发育史、崩塌发育史、灾情等。

(6)危岩体成因的动力因素。包括降雨、河流冲刷、地面及地下开挖、采掘等因素的强度、周期以及它们对危岩体变形破坏的作用和影响。在高陡临空地形条件下,由崖下洞掘型采矿引起山体开裂形成的危岩体,应详细调查采空区的面积、采高、分布范围、顶底板岩性结构,开采时间、开采工艺、矿柱和保留条带的分布,地压现象(底鼓、冒顶、片帮、鼓帮、开裂、压碎、支架位移破坏等)、地压显示与变形时间,地压监测数据和地压控制与管理办法,研究采矿对危岩体形成与发展的作用和影响。

(7)分析危岩体崩塌的可能性,初步划定危岩体崩塌可能造成的灾害范围。

(8)危岩体崩塌后可能的运移斜坡,在不同崩塌体积条件下崩塌运动的最大距离。在峡谷区,要重视气垫浮托效应和折射回弹效应的可能性及由此造成的特殊运动特征与危害。

(9)危岩体崩塌可能到达并堆积的场地的形态、坡度、分布、高程、地层岩性与产状及该场地的最大堆积容量。在不同体积条件下,崩塌块石越过该堆积场地向下运移的可能性,最终堆积场地。

(10)调查崩塌已经造成的损失,崩塌进一步发展的影响范围及潜在损失。

2. 已有崩塌堆积体

(1)崩塌源的位置、高程、规模、地层岩性、岩(土)体工程地质特征及崩塌产生的时间。

(2)崩塌体运移斜坡的形态、地形坡度、粗糙度、岩性、起伏差,崩塌方式、崩塌块体的运动路线和运动距离。

(3)崩塌堆积体的分布范围、高程、形态、规模、物质组成、分选情况、植被生长情况、块度、结构、架空情况和密实度。

(4)崩塌堆积床形态、坡度、岩性和物质组成、地层产状。

(5)崩塌堆积体内地下水的分布和运移条件。

(6)评价崩塌堆积体自身的稳定性和在上方崩塌体冲击荷载作用下的稳定性,分析在暴雨等条件下向泥石流、崩塌转化的条件和可能性。

四、泥 石 流

泥石流沟谷在地形地貌和流域形态上往往有其特殊反映,典型的泥石流沟谷,形成区多为高山环抱的山间盆地;流通区多为峡谷,沟谷两侧山坡陡峻,沟床顺直,纵坡梯度大;堆积区则多呈扇形或锥形分布,沟道摆动频繁,大小石块混杂堆积,垄岗起伏不平。对于典型的泥石流沟谷,这些区段均能明显划分,但对不典型的泥石流沟谷,则无明显的形成区、流通区与堆积区。研究泥石流沟谷的地形地貌特征,可从宏观上判定沟口是否属泥石流沟谷,并进一步划分其区段。调查范围应包括沟谷至分水岭的全部地段和可能受泥石流影响的地段,主要包括泥石流的形成区、流通区、堆积区。应了解下列内容:

(1)冰雪融化和暴雨强度、前期降雨量、一次最大降雨量,一般及最大流量,地下水活动情况。

(2)地层岩性、地质构造、不良地质现象、松散堆积物的物质组成、分布和储量。

(3)沟谷的地形地貌特征,包括沟谷的发育程度、切割情况、坡度、弯曲、粗糙程度。划分泥石流的形成区、流通区和堆积区,圈绘整个沟谷的汇水面积。

(4)形成区的水源类型、水量、汇水条件、山坡坡度、岩层性质及风化程度,断裂、滑坡、崩塌、岩堆等不良地质现象的发育情况及可能形成泥石流固体物质的分布范围、储量。

(5)流通区的沟床纵横坡度、跌水、急弯等特征,沟床两侧山坡坡度、稳定程度,沟床的冲淤变化和泥石流的痕迹。

(6)堆积区的堆积扇分布范围、表面形态、纵坡、植被、沟道变迁和冲淤情况;堆积物的性质、层次、厚度、一般和最大粒径及分布规律。判定堆积区的形成历史、划分古泥石流扇和新泥石流扇,新泥石流扇的堆积速度,估算一次最大堆积量。

(7)泥石流沟谷的历史。历次泥石流的发生时间、频数、规模、形成过程、爆发前的降水情况和爆发后产生的灾害情况。区分正常沟谷还是低频率泥石流沟谷。

(8)开矿弃渣、修路切坡、砍伐森林、陡坡开荒及过度放牧等人类活动情况。

(9)当地防治泥石流的措施和建筑经验。

(10)调查泥石流已经造成的损失,泥石流进一步发展的影响范围及潜在损失。

泥石流沟堵塞程度分级如表2-2。

泥石流沟堵塞程度分级 表2-2

堵塞程度	特征
严重	沟槽弯曲,河段宽窄不均,卡口、陡坎多。大部分支沟交汇角度大。形成区集中,沟槽堵塞严重,阵流间隔时间长
中等	沟槽较顺直,河段宽窄较均匀,陡坎、卡口不多。主支沟交角多数小于60°。形成区不太集中,河床堵塞情况一般
轻微	沟槽顺直均匀,主支沟交汇角小,基本无卡口,陡坎。形成区分散,阵流间隔时间短而少

五、地面塌陷

地面塌陷主要了解岩溶地面塌陷和采空地面塌陷,包括发育在黄土等地区的土洞型地面塌陷。

岩溶塌陷在我国90%以上发生在可溶岩上有松散土层覆盖

的岩溶区。塌陷主要产生在土层中,所以也称为"土层塌陷"。一般下列地段易产生岩溶塌陷:

(1)浅部岩溶发育强烈,可溶岩顶面起伏较大,并有洞口或裂口,岩溶洞穴空间无充填或充填物少,且充填物为砂、碎石和亚黏土的地段。

(2)采、排地下水点附近和地下水位降落漏斗范围内(特别是地下水的主要补给方向上),以及地下水位变动明显的区域(浸没导致水位上升)。

(3)构造断裂带、背、向斜轴部、可溶岩与非可溶岩的接触部位。

(4)岩溶洼地、积水低地和池塘。

(5)第四纪土层为砂、轻亚黏土、亚黏土,且厚度小于10m的地段。

因此,调查过程中首先要依据已有资料进行综合分析,在基本掌握区内岩溶发育、分布规律及岩溶水环境的基础上,查明岩溶塌陷的成因、形态、规模、分布密度、引发因素、土层厚度与下伏基岩岩溶特征。地表、地下水活动动态及其与自然和人为因素的关系。调查岩溶塌陷对已有建筑物的破坏损失情况,圈定可能发生岩溶塌陷的区段。

六、地 裂 缝

地裂缝为区域性地裂缝,与滑坡、崩塌、地面塌陷相伴生的地裂缝不在此调查范围内中。对地裂缝的了解主要为:

(1)单缝特征和群缝分布特征及其分布范围;

(2)形成的地质环境条件(地形地貌、地层岩性、构造断裂等);

(3)地裂缝成因类型和引发因素;

(4)发展趋势预测和现有灾害评估及未来灾害预测;

(5)现有防治措施和效果。

七、地面沉降

主要调查由于常年抽汲地下水引起水位或水压下降而造成的

地面沉降，不包括由于其他原因所造成的地面下降。主要通过搜集资料、调查访问来查明地面沉降原因、现状和危害情况，着重查明下列问题：

（1）综合分析已有资料查明第四纪沉积、地貌单元，特别要注意冲积、湖积和海相沉积的平原或盆地及古河道、洼地、河间地块等微地貌分布。第四系岩性、厚度和埋藏条件，特别要查明硬土层和软弱压缩层的分布。

（2）查明第四系含水层水文地质特征、埋藏条件及水力联系；搜集历年地下水动态、开采量、开采层位和区域地下水位等值线图等资料。

（3）根据已有地面测量资料和建筑物实测资料，同时结合水文地质资料进行综合分析，初步圈定地面沉降范围和判定累计沉降量，并对地面沉降范围内已有建筑物损坏情况进行调查。

八、各类地质灾害的规模划分标准（参照表2-3、表2-4、表2-5）

滑坡、崩塌（危岩体）、泥石流规模级别划分标准　　表2-3

级　　别	滑坡（10^4m^3）	崩塌（10^4m^3）	泥石流（10^4m^3）
巨型	≥1 000	≥100	≥50
大型	100～1 000	10～100	20～50
中型	10～100	1～10	2～20
小型	<10	<1	<2

地裂缝规模分级标准　　表2-4

级　别	规　　模
巨型	地裂缝长>1km，地面影响宽度>20m
大型	地裂缝长>1km，地面影响宽度10～20m
中型	地裂缝长>1km，地面影响宽度3～10m，或长≤1km，宽10～20m
小型	地裂缝长>1km，地面影响宽度3m，或长≤1km，宽<10m

地面塌陷分级标准 表 2-5

级别	塌陷或变形面积(km^2)
巨型	≥10
大型	1~10
中型	0.1~1
小型	<0.1

九、稳定性分级

滑坡和斜坡的稳定性分为三级，即稳定性好、稳定性较差、稳定性差。滑坡和崩塌稳定性野外判别标准见表 2-6 和表 2-7。岩溶塌陷体的稳定性分为稳定性好、稳定性较差、稳定性差三级。塌陷体和土洞稳定性评价标准见表 2-8、表 2-9。

滑坡稳定性野外判别表 表 2-6

滑坡要素	稳定性差	稳定性较差	稳定性好
滑坡前缘	滑坡前缘临空或隆起，坡度较陡且常处于地表径流的冲刷之下，有发展趋势并有季节性泉水出露，岩土潮湿、饱水	前缘临空，有间断季节性地表径流流经，岩土体较湿	前缘斜坡较缓，临空高差小，无地表径流流经和继续变形的迹象，岩土体干燥
滑体	坡面上有多条新发展的滑坡裂缝，其上建筑物、植被有新的变形迹象	坡面上局部有小的裂缝，其上建筑物、植被无新的变形迹象	坡面上无裂缝发展，其上建筑物、植被未有新的变形迹象
滑坡后缘	后缘壁上可见擦痕或有明显位移迹象，后缘有裂缝发育	后缘有断续的小裂缝发育，后缘壁上有不明显变形迹象	后缘壁上无擦痕和明显位移迹象，原有的裂缝已被充填
滑坡两侧	有羽状拉张裂缝或贯通形成滑坡侧壁边缘裂缝	形成较小的羽状拉张裂缝，未贯通	无羽状拉张裂缝

崩塌(危岩体)稳定性野外判别表 表2-7

环境条件	稳定性差	稳定性较差	稳定性好
地形地貌	前缘临空甚至三面临空,坡度>55°,出现"鹰咀"崖,顶底高差>30m,坡面起伏不平,上陡下缓	前缘临空,坡度>45°,坡面不平	前缘临空,坡度<45°,坡面较平,岸坡植被发育
地质结构	岩性软硬相间,岩土体结构松散破碎,裂缝裂隙发育切割深,形成了不稳定的结构体,不连续结构面	岩体结构较碎,不连续结构面少,节理裂隙较少。岩土体无明显变形迹象,有不规则小裂缝	岩体结构完整,不连续结构面少,无节理、裂隙发育。岸坡土堆较密实,无裂缝变形
水文气象	雨水充沛,气温变化大,昼夜温差明显。或有地表径流、河流流经坡角,其水流急,水位变幅大,属侵蚀岸	存在大—暴雨引发因素	无地表径流或河流水量小,属堆积岸,水位变幅小
人类活动	人为破坏严重,岸坡无护坡。人工边坡坡度>60°,岩体结构破碎	修路等工程开挖形成软弱基座陡崖,或下部存在凹腔,边坡角40°~60°	人类活动很少,岸坡有砌石护坡。人工边坡角<40°

塌陷体稳定性定性评价 表2-8

稳定性分级	塌陷微地貌	堆积物性状	地下水埋藏及活动情况	说明
稳定性差	塌陷尚未或已受到轻微充填改造,塌陷周围有开裂痕迹,坑底有下沉开裂迹象	疏松,呈软塑至流塑状	有地表水汇集入渗,有时见水位,地下水活动较强烈	正在活动的塌陷,或呈间歇缓慢活动的塌陷
稳定性较差	塌陷已部分充填改造,植被较发育	疏松或稍密,呈软塑至可塑状	其下有地下水流通道,有地下水活动迹象	接近或达到休止状态的塌陷,当环境条件改变时可能复活
稳定性好	已被完全充填改造的塌陷,植被发育良好	较密实,主要呈可塑状	无地下水流活动迹象	进入休亡状态的塌陷,一般不会复活

土洞稳定性定性评价 表 2-9

稳定性分级	土洞发育状况	土洞顶板埋深(H)或其与安全临界厚度比(H/H_0)	说明
稳定性差	正在持续扩展,间歇性地缓慢扩展		正在活动的土洞,因促进其扩展的动力因素在持续作用,不论其埋深多少,都具有塌陷的趋势
稳定性较差	休止状态	$H<10$m 或 $H/H_0<1.0$	不具备极限平衡条件,具塌陷趋势
		$10\text{m}<H<15$ 或 $1.0<H/H_0<1.5$	基本处于极限平衡状态,当环境条件改变时可能复活
		$H\geqslant15$m 或 $H/H_0\geqslant1.5$	超稳定平衡状态,复活的可能性较小,一般不具备塌陷趋势
稳定性好	消亡状态		一般不会复活

附:交通部关于加强公路沿线地质灾害防治工作的紧急通知

各省、自治区交通厅,北京、重庆市交通委员会,天津市市政工程局,上海市市政工程管理局,新疆生产建设兵团交通局:

2003 年 5 月 11 日凌晨 1 时 55 分,贵州省三穗县台烈镇宏头村三穗至凯里高速公路正在施工的平溪特大桥 3 号墩附近发生山体滑坡,滑体总方量约 20 余万方,其中右侧部分约 3 万方淹埋了××工程局三标段施工项目经理部一栋工棚(17 间)及棚内 35 人。灾害发生后,党中央、国务院领导十分重视,国务院立即派出调查组赶赴现场协助贵州省全力以赴抢救被埋人员,尽一切可能减少伤亡,做好善后工作,查明山体滑坡灾害原因,制订防治措施。在贵州省委、省政府的领导下,经全力抢险救灾,避免了灾害进一步扩大,但被淹埋的 35 人无一幸存。

这次事故尽管主要是山体滑坡自然灾害造成的,但也给建设项目安全隐患防范意识薄弱的我们敲响了警钟。雨季将至,公路沿线特别是山区地质条件复杂路段极易发生灾害。为认真吸取“贵州省三穗县台烈镇宏头村‘5.11’山体滑坡灾害”教训，举一反三做好各方面工作，现将有关事项通知如下：

一、各级交通主管部门要切实加强公路建设安全监督管理，全面落实安全生产责任制，做到常抓不懈，警钟长鸣，坚决杜绝重大灾害、安全、质量事故。各省、自治区、直辖市交通厅（局、委）应组织省交通质量监督站、各项目法人单位立即对在建工程施工现场容易引发地质灾害、高空坠落、坍塌、触电、爆炸等关键部位和施工工序进行重点安全检查，加大对防灾、质量、安全生产的监督力度；加强对农民工的岗前培训和现场技术指导，加强施工机械、设备的维修保养，防止因机械失灵诱发安全事故；及时发现安全生产隐患和薄弱环节，堵塞漏洞，消除事故隐患，将防灾、质量、安全生产管理工作制度化、规范化、标准化。

二、防灾预案是做好地质灾害防治工作的关键环节，各省、自治区、直辖市交通厅（局、委）要密切配合国土资源行政主管部门编制年度公路沿线地质灾害防灾预案，报同级人民政府批准后组织实施。各级交通行政主管部门应根据防灾预案在汛期前组织有关单位对公路沿线地质灾害隐患点进行排查，并做好监测和预警工作，责任到人，发现险情，要及时采取防范措施。

三、加强公路建设前期工作。在自然条件恶劣，地形、地质条件复杂，新构造运动活跃，地震活动频繁地区修建公路，一定要慎之又慎。应采用航测、遥感、地质判释、GPS 等综合勘察设计手段，加强基础资料的收集和调查工作；在路线方案比选中要综合考虑生态环境保护、水土保持、地质灾害等影响因素，特别注意设计方案实施的可能性；新建公路工程应避免设计高陡边坡、深挖路堑，路堤高度大于 20m 应采用高架桥，路堑深度大于 30m 应采用隧道方案，对岩石破碎、易于发生石块崩落的路段，应及时封闭坡面并设置牢固的坡面防护系统，确保安全。

四、地质灾害危险性评估有助于预防地质灾害。建设、设计、施工及监理等单位必须充分重视评估报告提出的防治建议，在公路基本建设各阶段，采取切实可行的防治地质灾害措施。设计文件上报时应附环境保护、水土保持、地质灾害危险性评估意见；招标文件应明确对环境保护、水土保持、地质灾害危险性评估意见的工程处置措施；工程监理应增加预防地质灾害记录。

五、在自然环境恶劣，地质条件复杂的地区修建公路，项目法人和监理要监督施工单位按照安全生产的有关规定选择临时办公、居住地及设备安置场地，要特别注意避开易于发生崩塌、滑坡、泥石流、岩溶或洞穴坍陷等地质灾害的高陡边坡、不稳定斜坡和沟口低洼处，以避免地质灾害造成人员伤亡和经济财产损失。

六、公路施工过程，将改变岩土体的自然稳定状态，易于诱发崩塌、滑坡等重力地质灾害。各级交通行政主管部门要责成建设或项目法人单位、勘察、设计、施工、监理单位详细查明公路沿线的危岩、不稳定斜坡等地质灾害隐患点，及时制订防治措施，并应加强施工过程中的预加固、截排水等辅助施工措施和监测预警工作。

七、省级公路管理机构，应提前做好公路防汛抢险预案工作和报警制度，对公路沿线排水系统和防护设施欠缺的老路及易发生水毁等自然灾害的路段，要加大汛前检查力度，做好排险加固工作，及早做好抢险机械设备和筑路材料等必要的技术和物资储备；当水毁等自然灾害发生后，公路养护部门应立即组织抢修或修筑临时便道、便桥，尽一切可能确保公路运输安全畅通。

第二节　某大桥主桥专项安全施工组织设计

一、工程概况

1. 工程介绍

某公路工程某大桥桥址地处×市×区××镇与××镇之间，大桥主桥的跨径组合为69m＋120m＋120m＋69m，其5个墩都在水中。主桥主墩有三座，其桩基为Φ900mm×20（18）mm×58 000mm钢管桩，共135根。主墩承台尺寸为33 600mm×

9 900mm×4 500mm，底高程为∇ -0.5m，顶高为∇ +4.0m。从高程∇ -0.5m ~ ∇ +0.5m 为封底混凝土，∇ +0.5m ~ ∇ +4.0m 为钢筋混凝土结构。主墩承台都为高桩承台，采用钢套箱围堰法施工。2 个边墩承台的基桩为 Φ600×33 000PHC 管桩，共计 56 根。边承台为哑铃形，尺寸为 26 700mm×4 800mm×2 000mm，底高程为 +0.5m，顶高程为 +2.5m，拟定高程∇ +0.5m 以下 0.3m 为封底混凝土。两边墩台采用钢板桩围堰法施工。墩身采用矩形双柱式，主桥上部采用单箱单室三向预应力连续箱梁结构。本工程混凝土总方量约为 21 130m^3。

2. 工程造价：

人民币约×××亿元。

3. 总分包情况：

××为施工总承包单位，×××××为本工程中桩基工程的专业分包单位。

4. 自然条件

1）水文条件

属强感潮汐河流，具有水位涨落、水流往复的特征。涨、落流的流向与河道的走向基本一致。落潮历时大于涨潮历时，河道中最大流速为 1.6m/s。潮况如下：

（1）历年最高潮位：∇ +3.98m；

（2）历年平均最高潮位：∇ +3.30m；

（3）平均高潮位：∇ +2.84m；

（4）平均低潮位：∇ +1.68m；

（5）历年最低潮位：∇ +0.44m。

2）地质条件

场地地基在 80m 深度范围内均为第四纪沉积物，主要由淤泥质土、黏性土、粉性土和细砂组成。共分为 7 大层，其中[1]~[5]层为 Q4 沉积物，[6]层以下为 Q3 沉积物。

5. 外部施工条件

1）施工现场

施工现场由项目部制定，并按要求和工程需要进行临时生产生活设施的布置。

2）供水、供电

供电由南北两设立的 2 台 630kW 变压器提供，生活用水采用自来水，施工用水多采用自来水。

3）通信条件

办公室及住宿区安装有电话通信，施工现场与办公室之间采用无线移动电话或者高频对讲系统通信。

二、实施范围和工作量

1. 实施范围

本专项安全施工组织设计的编制在于指导，控制水中墩施工现场的作业安全，指导并监控施工环节中的每一个分部、分项工程的施工安全，约束施工人员认真执行每一个安全施工指令和作业方法。

2. 工作量

（1）钢管桩的制作安装：Φ900mm × 22（18）mm × 58 000mm，135 根；

（2）PHC 管桩制作安装：Φ600mm × 110mm × 33 000mm，56 根；

（3）填芯混凝土：C30，2 129.8m^3；

（4）封底混凝土：C30，1 085.1m^3；

（5）主墩承台混凝土：C40，3 121.6m^3；

（6）边墩承台混凝土：C30，386.4m^3；

（7）墩身钢筋：189.6t；

（8）墩身混凝土：C40，2 308m^3；

（9）上部结构钢筋：1 800t；

（10）上部结构钢绞线、预应力钢筋：774t；

（11）上部结构混凝土：C50，12 099m^3。

三、专项工程安全生产施工规程、技术规范和行业规范及强制条文

本工程引用的标准文件及有关强制性条文如下：

(1)××市2003版《施工现场安全保证体系》
(2)《建筑施工安全检查标准》
(3)《中华人民共和国建筑法》
(4)《中华人民共和国安全生产法》
(5)《中华人民共和国内河交通安全管理条例》
(6)《中华人民共和国水上水下施工作业通航安全管理规定》
(7)《建筑工程安全管理条例》
(8)《××市消防条例》
(9)《××市建筑工程施工现场安全标准化管理标准》
(10)《××劳动保护检查条例》
(11)《××市文明工地标准》

四、计划开竣工日期

本工程计划××年5月上旬开工(以开始进行桩基施工为标志),计划工期为19个月,预计××年11月底竣工。

五、安全生产管理网络、组织机构

1. 安全生产目标

本工程施工区域紧邻松浦大桥,且处于某航道水域,项目部将严格遵守各项安全操作规程,文明施工,严格管理,具体安全目标如下:

(1)事故负伤频率控制在0.6‰~1.0‰以内;
(2)重大伤亡事故为零;
(3)杜绝火灾、设备、管线、食物中毒等重大事故;
(4)没有业主、社会相关方和员工的重大投诉;
(5)粉尘、污水、噪声达到城市管理要求。

2. 安全管理体系

项目部将建立以项目经理为第一安全责任人的安全管理体系,网络分布到各工程分部以及下属各施工班组。严格安全管理,做到“横向到边,纵向到底”,达到一级抓一级,一级保一级的全面安全控制目标,以确保本工程各个环节的安全施工。

项目部设有安全科,各分部设有安全文明办公室。项目部配备持证专职安全员3名,各分部分项工程施工负责人兼管安全,各班有兼职安全员1人。

六、专项安全生产保证措施

1. 开工前做好以下施工准备

(1)落实水上施工、船舶航行安全保障措施;

(2)落实施工机械设备、安全设施、设备及防护用品进场计划;

(3)落实现场施工人员,并进行相关安全教育;

(4)制订针对整个工程的安全保证计划,应急措施预案。

2. 持证上岗

参与本工程的施工管理人员、特种作业人员必须持证上岗,施工前由项目部安全监督部门进行检查确认,登记备案。

3. 对施工设备、安全设施(或设备)、防护用品进行检查验收

本工程使用的机械设备、安全设施(设备)、防护用品的安全技术性能对本工程的安全施工有重要意义。每项作业必须有专人对相关设备和防护措施进行认真检查,并严格按照规定的程序履行,消除隐患,确保各项设备具有良好的安全技术状况,安全可靠。

4. 安全用电技术措施

(1)现场的供电线路、设备安装维护以及拆除必须由专业人员进行;

(2)对于移动机具及照明的适用应实行二级漏电保护,并定期进行检查、维护、保养;

(3)工程船舶有自备的发电供配电设备供应,严格执行船舶发电机安全操作规程;

(4)作业船舶按章显示信号,并设置足够的施工照明设施。

(5)做好船舶电气设备的防潮、防漏电措施,确保安全作业。

5. 起重机作业及沉桩施工安全措施

起重安装作业是此工程施工中的重要项目,参加起重安装、沉

桩作业的所有人员必须持证上岗，起重、桩机设备需定期检查、保养，经常组织人员查验绳索磨损和配用情况，严禁带病或超载作业。严格按照技术交底书要求选用钢丝绳、吊具等辅助设备。

沉桩施工作为水上施工工艺，××局具有丰富的施工经验、技术保证措施、完整的施工流程和熟练的技术操作人员。本工程的安全保证重点在于水上交通的安全保证。为此，施工单位专门委托上海市松江区航务管理所进行拟定专项水上交通安全维护组织实施的方案。项目部将按照预案要求和海事部门的指令进行水上施工。

对于沉桩施工过程中的安全保证，项目部将采取以下措施：

(1)打桩船等主要设备进场前进行全面的机械维护和检修，确保设备的完好性，进场后立即向代建单位和监理单位上报设备资料，配合监理单位对设备进行检查。

(2)所有设备的操作人员和施工人员均持证上岗。打桩船长期以来配备固定的操作人员和指挥人员，具有相应的资质和丰富的经验，从人的素质角度上可以确保水上施工常规沉桩的安全施工。同时，在相关人员随打桩船进场后，单位将立即向代建单位和监理上报资质材料，以便于检查监督。

(3)桩的运输计划采用两条1 200t的半舱驳用拖轮拖带交替运输，根据每个墩台的施工桩基数量，每驳每次装载24根钢管桩，可以保证沉桩施工正常进行。

(4)沉桩过程中的吊桩打桩测量定位均属于常规施工，现场的施工人员将严格执行港口工程的操作规程和上级的相关要求施工。

6. 钢吊箱施工的安全保证措施

1)本工程钢吊箱施工方案已在某大桥水中基础施工组织设计中详细说明。

2)钢吊箱的沉放要求

按照施工组织设计中的施工方案，钢吊箱采用起重船吊装：

(1)作业前起重船应对所有的设备进行认真的检查、维修和保养,确保其良好的安全技术状况;作业人员必须持证上岗,并选派具有丰富经验的人担任起重指挥;施工前,根据设计要求将钢吊箱安装过程中的安全作业程序进行细化,对施工人员进行详细的技术交底和安全交底。

(2)钢吊箱沉放作业前,提前报告上海市松江航务管理所,及时做好对该项作业的水上交通维护准备,适时进行水上交通维护,确保作业安全顺利进展。

(3)钢吊箱内作业人员的登高设施及出入钢吊箱设施的设计、制造、安装将报请专业监理工程师检查、验收后投入使用。

(4)前往钢吊箱施工作业的人员、办事员必须戴好安全帽、穿好救生衣方可进入现场,并根据作业部位系好安全带。现场有专职安全员进行检查。

(5)钢吊箱安装完毕,根据航务管理部门的有关规定设置信号(白天)或信号灯(夜间),防止来往船舶碰撞。严禁施工船舶作业时系靠泊停在钢吊箱旁。

7.施工工序的安全保证措施

1)建立每周及每项作业岗前安全交底例会制度

会议主要内容:对于一周内的安全情况总结,对于已发出整改通知的安全隐患整改情况进行通报,对下一周主要作业的安全进行强化。安全例会参加人员:项目经理、生产副经理、安全主管、安全员现场作业负责人,同时邀请监理工程师参加。

2)建立天气情况收集、预报、记录制度

项目部将由生产副经理、安全主管专门负责天气资料的收集、预报工作。负责联系有关船机部门落实在恶劣天气之前将船舶拖离现场的有关事宜。

3)现场观察制度

施工时专门设置现场观测人员,主要观测内容:潮汐变化,江面交通情况,施工区域内作业情况。及时向项目部管理部反馈现场情况,杜绝无关船舶、人员进入现场。

4)24小时值班制度

由于施工船舶始终停在现场，项目部在施工期间将建立24小时值班、巡查制度。同时每条施工船舶上，夜间专门设置值班人员观测水面情况及船舶自身情况。

5）警示标志设置制度

对于所有施工区域，均设置明显的警示标志，对于水面桩基、构筑物等按规定设置信号，防止意外发生。

6）分项工程安全交底制度

开工后依据相关的操作规程、现场情况对于每个分项工程进行书面的安全技术交底，确保安全措施贯彻到位。

7）钢吊箱内封底后吸泥、浇注桩芯混凝土安全措施

根据施工组织设计，钢吊箱吊装落位浇好封底混凝土将水抽干后，每个主墩的45根管桩中有12根高出封底混凝土表面均在2m以上，其余33根桩管上口仅高出封底混凝土表面0.15m，这样就形成33个井口。为防止作业人员坠落井下，采取以下防护：

（1）将每个主墩划为东、西两块区域：一块为作业区，该区内待作业的桩基井口一律用钢质盖板封闭，而进行作业的每一个井口四周用围栏保护作业人员。另一块全封闭为禁区，未经现场指挥同意或虽经同意却未贯彻安全指令的人员不得擅自进入。

（2）设置醒目的警示牌。

（3）作业班前会上，工班长务必将安全注意事项传达到每一个人，严格执行。作业时工班长、现场安全员认真监督每一个人的安全行为，不得违章。

（4）夜间作业现场确保有足够的照明。

8）吸泥作业安全措施

吸泥主要设备为2台水泵，功率15kW；一台吸泥泵，功率15kW，扬程35m。

操作人员必须保证机械设备的完好，不得带故障作业。每次开工前对施工机械进行检查，特别对吊索具必须检查，发现钢丝绳有断丝的情况，必须更换后再使用。吊机操作人员和指挥人员应密切配合，在起放或起吊吸泥管和高压冲管时，人员要站在桩管井

口围栏外。不准站在钢管边上,以防掉入井中。

强调施工人员上平台,必须穿好救生衣,带好安全帽,夜间如施工,必须保证足够的照明。

9)桩芯钢筋笼焊接及吊装放入桩管中的安全措施

根据施工设计,每根桩芯钢筋笼长26.95m,一次制作成型吊装、运输有困难,拟分两次制作吊装,第一节焊两根挂钩。

首先将制作成的桩芯钢筋笼由船运输至吊箱边,由起重船将第一节桩芯钢筋笼吊至桩中,用挂钩勾在钢管桩壁上,再吊起第二节。两节连接后,用铅丝绑扎固定,随即焊接,在焊接过程中,第二节始终由起重机船吊着等焊接完成后,再提升拆除挂钩,将两节钢筋笼整体放入钢管桩中。

在起吊过程中,无关人员不得靠近起吊现场,吊机驾驶和指挥人员密切配合。吊机每天工作前必须对机械进行检查。特别是制动系统必须有效,吊具及索具完好。

10)钢吊箱安装就位的安全措施

钢吊箱由加工场地用驳船运至现场后,由项目总工和安全质检人员进行认真检查,主要是吊环焊接是否牢固。在现场时对有关人员进行吊装前的安全技术交底和教育,对船机设备,特别是吊索具进行检查,检查是否符合吊装规范要求。保证吊装过程中的安全。

钢吊箱采用分段制作,运抵现场用起重船分段吊装就位后进行焊接。起重船拟用二航起重4号船,起重船在桥墩桩基不通航侧抛锚定位,运钢吊箱驳靠在起重船外侧,由指挥及操作人员依据测量后的标志,精确安放到位,立即焊接到位固定。

为确保安装钢吊箱过程中的安全,在达到6级风以上暂停安装,水位超过桩顶时暂停安装,在检查吊机和吊具、索具符合安全技术规范后,方能进行安装作业。安装时项目总工、安全员必须在现场指导、督察,确保整个施工过程安全。

11)浇注桩芯混凝土时的安全措施

桩芯混凝土浇注是在安放好钢吊箱,浇注封底混凝土,放好桩芯钢筋笼后进行。

桩芯混凝土由泵管输入桩中，如需人员调整，则用绳索在5m外牵引泵管送入桩中。

振捣人员在操作时必须戴绝缘手套，移动振捣器的人员必须戴绝缘手套，防止触电事故，振捣器在使用必须对外壳检查，防止带电。

泵管移动时，操作人员必须离开泵管5m以上。不许人员直接接触泵管，由绑在管壁上的绳牵引。

注意用电安全，用电箱必须完好，漏电保护器灵敏有效。电源线由电工专人负责布置、看管。每次工作完毕，用电设备收集、保管好。

12）挂篮施工安全保证措施

（1）挂篮自身安全性能

严格按规范要求设计挂篮，挂篮抗倾覆安全系数为2.27，行走时抗倾覆安全系数为5.24。

（2）挂篮施工安全技术措施

①挂篮操作必须由经过培训的起重工操作，并由有经验的工长统一指挥，其他施工人员不得移动、拆卸挂篮设备。

②所有反锚、行走反压吊杆用连接器安装时要在精轧螺纹钢筋上做明显标记，确保旋进长度满足要求。

③挂篮行走前检查轨道与箱梁锚固情况，在挂篮行走时后端设保险倒链。

④挂篮行走应平稳、缓慢，严防出现冲击力。

⑤混凝土浇注前安全员及现结构工程师对挂篮每一部件进行检查验收，签订验收合格书后方可浇筑混凝土。

⑥对所有施工挂篮及施工平台均设栏杆扶手，挂篮前端及两侧挂双层密目安全网与外界隔离，以防人员或杂物坠落。

⑦已完成的梁段应在护栏两侧设置临时栏杆，挂安全网。

⑧施工机具材料不得堆积在箱梁边缘以防坠落。

⑨现场配备救生船、救生圈及时抢救落水人员。在桥孔上下

游按章设置警示标志。

⑩与航道、海事部门协调,按章设置标志、信号,引导过往船只避免在挂篮的正下方通行。

⑪挂篮施工至通航孔时,必须提前拆除下挂的多余侧模,避免影响通航净空,造成撞船事故。

13)交流电焊机操作安全措施

(1)使用前,应检查并确认初、次级连接线正确,输入电压符合电焊机铭牌上的规定。接通电源后,严禁接触初级线路的带电部分。

(2)次级抽头连接铜板应压紧,接线柱应有垫圈。合闸前,应详细检查接线螺帽、螺栓及其他部件并确认完好齐全、无松动或损坏。

(3)多台电焊机集中使用时,应分接在三项电源网络上,使三项负载平衡。多台电焊机的接地装置,分别由接地极处引接,不得串接。

(4)移动电焊机时,应切断电源,不得用拖拉电缆的方法移动焊机。当焊接中突然停电时,应立即切断电源。

14)卷扬机操作安全措施

(1)安装时,基座必须平稳牢固,操作人员的位置应能看清指挥人员和拖动或起吊的物件。

(2)工作前检查卷扬机与地面固定情况、防护设施、电线气路、制动装置和钢丝绳等全部合格后方可使用。

(3)使用皮带和开式齿轮传动的部分,均须防护罩,导向滑轮不得用开口拉板。

(4)以动力正反转的卷扬机,卷筒旋转方向应和操纵开关上指示的方向一致。

(5)从卷筒中心线到第一个导向滑轮的距离,带槽卷筒应大于卷筒长度的15倍,无槽光筒应大于卷筒长度的20倍。当钢丝绳在卷筒中间位置时,滑轮的位置应与卷筒轴心线垂直。

(6)在卷扬机的手、脚制动操纵杆动作的行程中,不得有障碍物。

(7)卷筒上的钢线绳应排列正齐、如发现重叠或斜绕时,应停机重新排列,严禁在转动中用手、脚去拉、踩钢丝绳。

(8)作业中任何人不得跨越正在工作的卷扬机,休息时吊笼应降至在地面。

(9)作业中如遇停电,应切断电源,将提升物放至地面,工作完毕后,应立即切断电源,锁好箱门。

(10)严禁无证操作,更不准让他人代开机。

15)塔吊操作安全技术措施

(1)操纵各控制器时应从停止点(零点)转动到第一挡,依次逐级增加速度,严禁越挡操作。在变换运转方向时,应将控制器指针转到零位,等电动机停止后,再转向另一方向,严禁急开急停。

(2)吊钩上升接近臂杆顶部,小车行至端点时,应降速缓行至停止位置。吊钩距臂杆顶部不得小于1m。

(3)吊起重物后,严禁自由下降,下降过程应避免制动。重物就位时,应缓慢下降。

(4)吊起重平移时,应高出其跨越的障碍物0.5m以上。

(5)将每个控制器拨回零位,依次断开各路开关,关闭操作室门窗,下机后断开电源开头,打开高空指示灯。

(6)机修人员上搭身,臂杆、平衡臂的高空部位检查或修理时,必须佩戴安全带。

16)高空作业安全措施

(1)高空作业,禁止穿硬底和带钉易滑的鞋,必须戴好安全帽。

(2)高空作业所用材料要堆放平稳,工具应随手放入工具袋(套)内,上下传递物件禁止抛掷。

(3)遇有恶劣气候(如风力在六级以上)影响施工安全时,禁止进行露天高空、起重和作业。

(4)没有安全防护措施,禁止在支撑、桁条、挑架的挑梁和未固定的构件上行走或作业,高空作业与地面联系,应设通讯装置,并专人负责。

(5)上下交叉作业和通道上作业应设隔离设施,应设1.2m高防护栏杆。

17)18号墩上人员上、下班乘船安全管理

(1)在钢吊箱一侧(左或右侧)制作登高斜梯时,焊制不同潮位时的平台并与钢斜梯相接,作为临时性的码头。斜梯外侧自上而下至临时码头平台,设栏杆扶手。

(2)在没有专用工地交通船情况下,采用拖轮接送18号墩上下施工作业人员,并报松江航务管理所备案,核定允许每次载运人数(本船船员除外),不得超载。

(3)作业人员上下船应先下(船)后上(船),上下时依次而行,不得超越前者和并行,不得打闹。

(4)作业人员登船后,须服从船上人员的指挥,在规定的处所待靠码头后离船。

(5)凡是前往主墩的施工人员,必须按规定戴安全帽,穿好救生衣和防滑鞋;从岸上登船时,逢雨雪天,必须在码头上洗净鞋底,否则不准登船。

(6)作业人员必须在船停靠稳妥、系好缆绳后方可上下船,上下船时应服从指挥登船和离船,不得跳跃。要做到上防碰头,下防滑脚踩空落水。同时要相互照应、相互关心。

七、水上施工交通组织和维护方案

1.施工水域划分

为了便于水上安全交通管理,确保施工安全和航运畅通、安全、有序,根据施工作业计划,将施工水域全河道宽度的范围,自右岸(南岸)至左岸(北岸)划为4块水域:

一号水域——自右岸防洪墙起向左岸至19号墩北侧钢管桩管外缘20m处止,宽10.4m。

二号水域——自一号水域北侧边缘线起至18号墩北侧钢管桩外缘20m处止,宽120m。

三号水域　　自二号水域北侧边缘线起至17号墩南侧钢管桩外缘20m处止，宽80m。

四号水域——三号水域北侧边界线起至北岸防洪墙止，宽104m。

1)19号墩施工作业

施工禁航区为一号水域；

禁航时间：自××年4月30日起至××年11月30日大桥建成时止；

通航水域：一号水域北侧界线起至北岸的水域。

2)18号墩施工作业

施工禁航区为一号水域和二号水域；

禁航时间：自××年8月7日起至××年9月30日止。

通航水域：二号水域北侧边界线起至北岸的水域。

3)17号墩施工作业

施工禁航水域为四号水域和一号水域；

禁航时间：自××年10月1日起至××年11月30日大桥建成时止。

通航水域：为三号水域和二号水域。根据某船舶航行规定。三号水域80m宽的水域定为上航行船舶通航水域；二号水域开放为供下行船舶通航的水域。一号水域的北侧边线作为下航道的右边界线，而下航道的左边界线定为自18号墩南侧管桩外缘起向南20m与桥墩中心线平行的直线，作为下航道的左边界线。通航宽度为80m。

4)箱梁悬浇作业

箱梁悬浇作业时净空限制开始启动，净空限高10m。启动时间依据工程进度实际情况而定，具体时间会发布《告船民书》。

2. 信号显示

1)在19号、18号、17号各墩沉桩施工时，在各墩的上、下游距墩中心约100m处设警戒船一艘，并在中上、下游各设警戒的上、下游端距20m处，各设浮标一座。过往船舶在通航水域行驶时，与警戒船的横距不得小于20m。

2)各墩桩基施工完毕时,设置防碰撞设施及信号如下:

(1)19号在其上游端打一组防撞桩;

(2)18号墩在其上、下游两端各打一组防撞桩;

(3)17号墩在其下游打一组防撞桩;

(4)白天,防撞撞群最前位置的桩涂黑黄相间的反光漆;

(5)夜间,防撞撞群最前位置的桩顶部各显示黄色环绕灯一盏,在通航水域行驶的船舶,夜间必须与黄色环绕灯保持25m以上横向距离,循航道向稳定通过。

3)箱梁底部边缘显示红色灯,间距每20m一盏。

八、机械设备的情况

本工程涉及到的机械设备主要为水上施工的船机设备及塔吊,主要的大型船机设备包括二航工桩3号、起重4号和塔吊5台。所有大型船机设备在进场前均进行过设备检修,情况良好。其他辅助船舶如:交通船、运输船等,均符合水上交通法规要求并经海事机构查验,确保施工过程中的安全作业。

九、防风、防火施工保证措施

1. 防火措施

项目部将按照有关消防法规的要求在施工区域布置消防设施,并对所有消防设施、电路、设备进行定期的检查和维护,并对施工区域内实施专人负责防火责任制。

2. 防风措施

针对风浪对于施工的影响,项目部将做好中短期气象情况的收集工作,给予施工人员和施工船舶提前预警。遇到大风天气,提前做好现场船舶的拖运避风工作。同时做好现场材料、设备的固定,防止发生事故。

3. 大雾天气施工作业安全措施

遇到大雾天气,停止一切施工作业,船舶原地抛锚,按规定显示雾中停泊信号，加强值班，注意其他船舶的动态以防止其他船只碰撞，并密切注意天气情况，提前将船只拖离施工现场。

十、潜水作业安全措施

本工程在钢吊箱承台混凝土封底、拆除钢吊箱、探摸水下电缆及施工专用管线等施工中需要进行潜水作业。

(1)按上海市的有关规定选择有资质的专业单位进行潜水作业，要求承担作业单位派出的潜水员必须持有合格、有效的证书，并有随行的相关作业人员配合潜水员作业和进行专业监护。

(2)潜水装置及所进行的相关的作业设备具有完好的安全技术性能，不存在任何隐患。

(3)本项目部派工程技术人员向潜水作业人员详细介绍作业要求，并根据作业特点提供相关的设备配合，如拆除钢吊箱时水上浮吊船等。

(4)作业前按规定报告海事部门并履行必要的手续，作业时按章显示信号。请海事部门加强对通航船舶的管理。

(5)作业现场配置交通船或汽车，以备突发情况时做应急处理。

十一、应 急 预 案

针对本工程的特点，除按规定做好安全防护，严格现场管理外，建立本项工程水上施工应急援救机制。

1. 组织、指挥系统

应急援助指挥小组由本项目部有关负责人组成。

人员组成：总指挥、常务副指挥、现场指挥和组员；

应急备用船舶：拖轮一艘、交通船2艘。

根据现场信息，一旦发生突发情况（人员落水、船体进水、船舶碰撞等），指挥小组立即进入应急状态，赶赴现场。现场指挥须在第一时间根据应急预案，并运用船长所具备的应急措施技术，组织并指挥抢救。指挥小组其他成员到达后，根据事态变化情况制订有关的紧急救援措施,并立即实施。同时,按照工作流程向上级主管部门报告。

2. 人员落水应急预案

1)凡工程船舶人员或墩上作业人员一旦落水,发现者应立即向落水者附近抛出救生圈,并大声呼喊:"某船舷或某侧有人落水",发现者必须监视落水者的动态,并随时报告。

2)拖轮船长接获"有人落水"的报告后,按规定发出警报。同时用规定的甚高音频无线电话向海事部门和应急指挥值班室报告。全体船员按"人落水营救部署"的规定开展营救。必要时请求第三方援助。

3)现场报告的主要内容:

(1)落水地点、时间、落水人姓名、是否穿戴救生衣及目前的处境;

(2)当时的气象、水流情况及需要何种援助。

3. 船舶进水应急预案

(1)船长立即向上级报告,并保持通讯畅通联系。

(2)按规定发出船舶进水抢险警报信号,全体船员进入船舶堵漏应急状态,按船舶进水堵漏抢险部署实施堵漏作业,并根据船体破洞进水和堵漏情况采用最有效的方法,以挽救危局。

(3)对船舶进水堵漏抢险过程做好详细的记录。

4. 船舶碰撞应急预案

(1)施工船舶严格遵守内河避碰规则等有关规定,认真执行海事主管部门对施工船舶提出的具体安全要求。

(2)船舶如属在航状态,当两船发生紧迫局面,船长或当班驾驶员按避碰技术措施要求进行部署和正确操纵,务须避免人员伤亡和减轻碰撞损失。如在固定位施工状态有被他船碰撞危险时,应立即告知有关人员紧急快速撤往安全区域,不要站在船边,避免人员被撞落水。

(3)当碰撞发生后,立即检查,确定船舶受损情况和本船人员情况,以确定进一步需要采取的措施。

(4)第一时间须抢救因碰撞而导致落水的人员和转移受伤人员。对于船舶受损，待正确评估后视情况可选择就地处理、待救援、抢滩或弃船等措施。值班人员必须记清对方船名、船型、船籍港及航行情况。

(5)将碰撞事故全过程情况立即报告应急指挥小组、上级主管部门及海事部门。

5. 现场应急救援预案

(1)大桥施工现场设备拖船和浮吊船各一艘，确保紧急情况下，可以使其他船紧急撤离，或进行抢救。

(2)当发生人员落水或负伤突发事件时，根据现场情况，派遣救援船舶第一时间赶赴现场进行救援。

(3)医护人员随船到现场，对负伤者进行判断。报告应急小组，并在现场先进行紧急处理。需要转移救援的伤员，立即安排车辆或请求 120 救援。

(4)配备两套高频率无线电话机。锁定频率，分别与水上施工船舶及墩上作业、海事主管部门用于应急通信联络。

(5)水上施工作业期间，设立安全值班室，建立 24 小时值班制度，建立通信制度，确保应急机制正常运行。

第三章 案例剖析

案例一 ××高速公路××桥模板支架垮塌重大安全责任事故

工程概况与事故发生经过。××桥为三跨预应力变截面连续空心板,柱式墩,钻孔灌注桩基础。施工单位进行支架模板预压试验施工,采用袋装沙堆载试验法,分五段进行。施工负责人指挥51名工人进行堆沙袋作业,支架模板突然发生整体垮塌,在模板上堆沙的作业人员随垮塌的支架模板上的沙包掉到10m深的壕沟,其中27名人员被支架模板、沙包埋压,造成6人死亡、20人受伤的重大事故。

××省事故调查组聘请的专家认为,事故的直接原因是由于钢管立柱柱基不坚实,产生了一定的竖向和水平位移,桥梁施工支架支撑体系侧向约束薄弱,在堆荷过程的外力作用下,由于支撑体系的局部变形引发支撑体系整体失稳破坏,造成支架垮塌事故。从现场观察和资料查阅情况看,支架体系在实施中存在以下几个主要问题:

(1)原设计单位要求的施工方案为满堂式支架。为保持支架下市政道路的通车要求,施工单位将满堂式支架的大部分改为贝雷支架,且未办理相关的更改和报批手续。

(2)支撑体系的搭设存在比较明显的隐患和缺陷。

(3)对加载过程中引起的支架变形没有跟踪观测,不能适时了解支架加荷过程中的变形情况,以便及时发现险情并采用有效措施确保安全,加载过程带有盲目性,施工中对支架进行加载时现场较乱，未能按一定的顺序加载。

综上所述，施工单位在本项目支架施工过程中违反了《公路工程施工安全技术规程》(JTJ 076—95)“地基承载能力应符合标准，否则应采取加固措施，……”以及“支立排架要按设计要求施工，应有足够的承载能力和稳定性……。”的规定。同时施工中还违反了《公路桥涵施工技术规范》(JTJ 041—2000)中设计应绘制支架总装图，细部构造图，以及支架的立柱应保持稳定，并用撑拉杆固定的要求。总而言之，这次事故是不完善的施工设计、不规范的施工作业，导致支架体系的失稳而垮塌。

交通部事故通报认为：施工单位在施工方案变更未得到监理批准的情况下擅自施工，不符合有关程序的规定；贝雷支架的搭设存在明显缺陷和隐患，整体稳定性差。如钢管立柱的底板与地面无固定连接，各榀贝雷梁之间缺少斜向支撑，特别是另增加的一排七根立柱直接顶在贝雷梁上，无水平连接，在加载的情况下，改变了受力结构，导致侧向失稳；现场技术力量薄弱，管理混乱。施工单位仅有一名技术人员，其余均为民工，施工单位未按要求对民工进行安全教育，堆砂作业程序不规范，产生不均匀荷载，也未按要求派人观测预压时支架的变形情况。因此，施工单位应对该事故负主要责任。

现场监理人员素质不高，未能履行监理应尽的职责。负责该匝道桥的现场监理明知该工程在施工方案未经批准的情况下施工，未能及时制止，也未向上一级监理汇报，对支架存在的问题也未能及时发现并指出。监理单位应对该事故负次要责任。项目法人单位和项目总监理办公室对该事故也负有一定的管理责任。

根据国家有关法律法规和规章的规定，经研究，除××省交通厅已对事故有关单位做出的处理决定外，对有关责任单位和个人做出以下处理决定：

(1)根据《公路建设市场准入规定》第二十条、《公路工程质量管理办法》第四十一条规定，决定对施工单位通报批评，取消2年资质登记，自通报之日起，2年内不得承担公路工程施工。建议施工企业资质管理部门吊销其施工资质证书或降级。

(2)根据《公路水运工程监理单位资质管理暂行规定》第二十四条、《公路水运工程监理工程师资质管理办法》第二十七条规定,对监理单位通报批评,现场监理人员3年内不得申报交通部监理工程师资格,建议项目法人追究该项目总监理工程师的责任。

案例二　××高速公路边坡坍塌重大事故

××路桥公司负责施工的××高速公路×合同段左侧上边坡发生坍塌,将8名正在施工的民工埋入土体中,造成7人死亡、1人受伤的重大事故。

边坡坍塌事故发生后,××省政府立即组织事故调查组对事故情况进行调查,并妥善处理善后工作。××省交通厅已按要求,对全线施工现场进行安全检查,×合同标段全面停工整顿,查找安全隐患,改进安全工作。

调查组赴事故现场进行了调查。经调查分析,事故发生的直接原因是由于边坡的黄土含水率增大,边坡失稳,造成坍塌。但导致事故发生的主要原因是安全生产问题,该合同段安全生产主要存在以下4个方面的问题:

(1)施工单位的安全意识淡薄,安全管理制度没有得到真正落实。施工单位特别是现场技术和管理人员,施工经验不足、安全意识不够,对近期频繁的降雨和边坡外漫水浇地对边坡稳定性的影响,没有引起足够重视。虽然施工单位建立了比较完整的安全管理体系,规章制度也比较健全,但安全管理制度没有得到真正的落实。

(2)劳务队违反规定擅自施工。按照规定,劳务队必须在施工单位的技术员、领工员和监理人员在场并履行有关手续后才能开始施工。负责该段护面墙施工的劳务队明显缺乏安全防范意识,在施工单位的技术员、领工员和监理人员还未到现场的情况下,就开始施工作业。施工单位对劳务人员也缺乏严格管理。

(3)监理单位的安全意识也不够。驻地监理特别是现场监理安全意识不够,对频繁的降雨和坡上漫水浇地对边坡稳定产生的影响,未引起重视,也未能及时提醒施工单位注意施工安全。

(4)项目法人单位对项目安全生产管理的力度也不够。根据国家有关法律法规和规章,除××省对事故涉及的责任单位和人员进行处理外,经研究,对有关责任单位做出以下处理决定:

(1)施工单位安全意识淡薄,安全管理措施不落实,对劳务人员缺乏管理,对该事故负主要责任。根据《建设工程质量管理条例》第六十四条、《公路建设市场准入规定》第二十一条规定,对该单位给予限期整改的处理。在整改期间,不得参加公路工程施工投标活动,并建议建设部按照《建筑业企业资质管理规定》,依法降低其资质等级。

(2)监理单位对施工现场安全管理的监管不到位,未能完全履行监理职责,对该事故负监理责任。根据《公路水运工程监理单位资质管理暂行规定》第二十四条规定,对进行通报批评。

(3)项目法人单位对项目安全管理不力,对该事故负管理责任。根据《公路建设监督管理办法》第四十三条,进行通报批评。

案例三　××省公路建设安全生产经验

安全工作对于公路建设来讲是一项只有起点没有终点的基础性工作,其重要性不言而喻。在公路建设过程中,没有安全就没有一切。

安全责任重于泰山。省交通厅在其负责建设的各条公路中,始终把安全工作放在一切工作的首要位置来抓。在抓好工程质量、进度的同时,狠抓施工安全与防范,坚持从讲政治、保稳定的高度认识安全生产工作,全面落实国家、省有关安全工作规定和各类安全工作会议精神,加强领导,强化监督,突出重点,狠抓落实,确保安全生产工作健康良好发展。

组织机构健全,制度措施到位。各项目安全领导小组成员职责明确,责任到人,紧扣工程实际,做到“谁主管、谁负责”、“抓生产必须抓安全”的原则,各项目施工单位均配备了一定数量的专兼职安全员,对重点安全部位全方位监督。同时各项目办制订并向施工单位和监理单位印发了《高速公路建设项目施工安全暂行规定》(下称《暂行规定》),对各项目建设的安全生产管理,从加强安全生产教育、严格危险品的保管领发、路基及桥涵的工程施工、路面施工、事故报告制度等方面提出了详细的要求。各施工单位根据《暂行规定》和自身特点,分别制订了《安全生产管理办法》、《安全生产防护措施》、《劳务输出队施工生产安全管理制度》等一系列安全管理规章制度。同时各项目经理部还出台了《公路工程安全操作规程》,除对各种工程(包括机驾人员)提出了细致的安全规范外,还能够在技术和工艺上给予指导,具有很强的可操作性。同时,各项目办坚持巡回检查制度。项目办安全领导小组定期或不定期对各项目经理部的安全情况进行检查,发现问题及时调整解决,消除各种安全隐患,并把对各施工单位安全工作的检查纳入流动红旗评比活动之中,同部署、同检查、同奖罚,做到警钟长鸣,常抓不懈。

建立健全安全生产领导责任制。在统一要求下,各施工单位成立安全生产领导小组,建立了一把手负总责制度。各项目设置专职安全员,经常巡回工地,检查安全隐患,落实安全生产管理工作。同时坚持从严治理,做到严明责任,严明制度,严肃纪律,严格考核,逐级建立安全责任制。从项目经理到岗位工作人员甚至外协人员和民工都层层签订安全生产保证责任书,将安全责任和经济责任挂钩,明确责、权、利,事故责任落实到人,形成了各级齐抓共管的保证体系。各项目办明确要求实行安全生产一票否决制,对施工单位由于管理不完善、防范措施不到位、“一把手”负责制和责任制不落实而发生重大事故的,将责令施工单位停工整顿。

坚持“安全第一、预防为主”的原则。安全生产是事关人民生命财产和人身安全的大事。要做好安全生产工作,必须坚持“安全第一、预防为主”的原则，发现问题，及时解决，把安全生产事故消灭在萌芽状态。各项目工程施工现场均设立路线安全标志牌，施工人员佩戴安全标志，安全员挂牌上岗。现场材料整齐堆放，妥善保管，对于沥青、汽油、柴油、炸药、导火线等易燃爆品做到安全存储，高空等危险施工，严格遵守安全操作规程，同时积极接受当地公安消防部门的安全检查。严格机械、设备操作规程，勤检查、勤保养，驾驶人员定期进行安全学习，车辆定期保养，车辆不得交与非驾驶人员驾驶，严禁酒后开车。特别对安全隐患重点部位，如隧道开挖、土石方开挖、爆炸物品、用电设施、防火部位、材料堆放场地、机械车辆、生产、生活设施等要进行严格自检，各项目组织人员专门就安全生产进行彻底检查，排除安全隐患，对发现的问题及时解决。同时要求施工便道要经常清雪、打冰防滑，必要时铺撒防滑沙，保证施工便道畅通。尤其节假日期间，各施工、监理单位留守值班人员，并配有值班车辆与电话，确保节日期安全工作万无一失。

案例四　××筑路有限公司安全生产管理经验

××筑路有限公司是公路工程施工总承包一级企业，在安全生产管理方面，始终不渝地坚持“安全第一，预防为主”、坚持“以人为本”方针。采用现代化的企业安全管理模式，全面实施安全生产责任制，强化安全生产管理执行力，加强施工过程的安全控制，真正落实安全生产“五同时”。广泛开展各种形式的安全生产宣传教育活动，充分调动员工学习安全生产知识的积极性，不断增强员工的安全生产意识，在公路工程施工安全管理中取得了良好效果。

公司连续多年被评为“安全生产先进单位”、“安全生产规范化管理单位”，承建项目多次获得“安全生产奖”、“安全文明生产优胜单位”等荣誉称号。

在多年的施工安全生产实践中，公司总结了一套完整的安全生产管理经验，为保障安全生产工作的顺利进行，不断提高公司的安全生产管理水平提供了理论依据。

第一、制定完整的规章制度体系，使安全生产工作有章可循

依据《中华人民共和国安全生产法》和相关的安全生产法律法规、管理条例、规程等，结合公司的实际，相继出台一系列的安全生产管理规章制度，用以规范公司的安全生产管理行为。例如，《项目安全管理制度》、《安全检查制度》、《安全生产资金投入保障制度》、《安全标识制度》、《安全技术交底制度》、《岗位安全培训制度》、《特殊工种持证上岗制度》、《爆破器材领用、保管制度》、《易燃易爆物品消防制度》、《事故等级划分及报告制度》、《应急预案准备与响应制度》等，从制度上规范员工的日常行为，为安全生产工作的顺利实施打下基础。

第二、建立三级安全生产管理机制，使安全生产管理工作环环相扣

公司建立了以总经理为组长的安全生产领导小组，下设安全生产管理部(简称安全生产部)，负责检查和监督公司安全生产工作。各项目经理部建立以项目经理为组长的项目经理部安全生产领导小组，对本项目安全生产工作进行管理；每个项目经理部都设置安全生产科，配备有专职安全员，协助项目经理负责工程项目的安全生产管理。项目经理部各施工队建立以施工队长为组长的安全生产小组，负责本施工队的安全生产工作。全面落实安全生产技术交底制度，认真落实安全检查制度，真正做到安全管理纵向到底，横向到边。

第三、加强员工安全生产知识和技能培训，使员工安全生产能力得到加强

公司每年都要按照年度培训计划，分别采取集中授课和分发教材自学等方式，对员工进行三级教育和安全生产知识和技能培训。使公司新老员工都能够了解安全生产法律法规，掌握基本的安全生产常识，加强自我保护意识；特殊岗位作业人员必须持证上岗，杜绝无证操作。积极组织安全生产管理人员业务进修，提高安全生产管理水平。

第四、采取多种形式广泛宣传安全生产知识，使员工的安全生产意识不断增强

公司除了采取传统的出黑板报、悬挂横幅、张贴标语和发放学习材料等形式来宣传和普及安全生产知识外，每年都举办主题鲜明的“安全生产知识竞赛”活动。企业领导带头，全体员工积极参与，不断掀起学习安全生产知识的热潮。安全生产知识竞赛试题覆盖面全、涉及面广，对普及安全生产知识，增强员工安全生产意识，起到了很好的推动作用。另外，在反映企业文化的企业级报刊上，设置了安全文化专版。丰富而详实的安全生产报道或文章，使员工及时了解了公司最新的安全生产情况和国家安全生产管理动态。

第五，加大安全生产资金投入，使安全生产工作具有充足的物质基础

公司不断加大安全生产资金投入，有力地保障了安全生产工作的顺利进行。据统计，仅 2006 年投入安全保障资金就达 500 万余元，用于配备和更新安全设施，购买消防器材、安全劳动防护用品，并为员工办理工伤及意外伤害保险，使安全生产工作具有充足的物质基础保障。同时，定期对公司所拥有的约 700 余台（套）施工及试验检测设备进行安全状况检查，及时排除隐患，确保仪器设备安全运转，为安全施工创造有利条件。

第六、完善安全生产检查和评比，使安全生产工作成为项目管理的重中之重

公司安全生产部定期和不定期对在建项目进行安全生产大检查，对检查中发现的问题，要求制订切实可行的整改方案，并监

督执行。各项目经理部在施工期间,对发现的安全隐患,必须采取有效措施,及时处理,避免安全事故的发生。在项目竣工考核评比中,采取安全生产一票否决制,发生安全事故的项目经理部无权参加优胜项目评比,努力实现公司制订的安全生产目标。

案例五　××大桥支架垮塌事故

一、工程背景及事故经过

××大桥位于××市至××县二级公路 K4 + 000 处,全长 172.08m,箱梁全长 145m(45m + 55m + 45m),单箱双室变高截面预应力混凝土连续箱梁桥,顶板宽 10m ,梁高 3.5 – 2m,桥墩高度 52m 左右。设计采用支架现浇,该大桥位于 V 字形河谷内,两岸地势陡峭,岩层为风化泥岩,承载力较低。当时正在浇筑顶板(箱梁底板和腹板的浇筑已经完成),顶板从第三跨开始浇筑,当施工到第二跨约三分之一处时,突然发生垮塌。大桥支架垮塌首先是由第三跨开始的,继而影响到第二跨垮塌,最后第一跨也被拽出桥台,担在了山坡上。19 名正在其上进行箱梁顶板浇筑的施工人员落入河谷,造成 4 人死亡,1 人失踪,3 人重伤,11 人未受伤。

二、事故原因分析

(1)陡坡处支架基础未按照设计方案进行处理。垮塌的支架中可以发现有较多的钢管锈蚀较严重,现场存放的钢管有的已经损坏变形或锈蚀严重。可见支架的质量存在严重的问题。也说明施工单位和监理单位的质量和安全意识淡薄。

(2)承担大桥超高支架安全监控的乙方(××××科研设计院)没有按照合同要求报送现场监控资料。

(3)设计不完善:设计单位对上部结构采用有支架施工法的“施工方案阐述过于简单”。

三、事故结论及教训

(1)这是一起责任事故,设计单位、监理单位和业主单位均对支架施工的安全性认识不足。

(2)支架施工时没有按照要求进行预压试验。

四、事故的预防对策

(1)加强对支架施工的技术交底和采取强有力的监控措施。应先搭设好脚手架、作业平台、护栏及安全网等安全防护设施。

(2)在支架上浇筑混凝土应对支架进行预压试验,以检验支架的承载能力和稳定性,消除非弹性变形。

(3)施工中,应随时检查支架和模板,发现异常状况,应及时采取措施。

(4)建立安全生产责任制,落实各级管理人员和操作人员的安全职责,做到纵向到底,横向到边,各自做好本岗位的安全工作。

(5)项目管理中应增强合同管理的规范化,清晰界定相关单位的职责,应重视非国省道项目的施工安全,应重视常规工艺的施工安全;工程开工前应明确危险源,有条件的应进行风险评估,并落实防控措施和人员;对施工工艺的论证和对材料的检测一定要重视,严格按规范执行,对需要进行监控的项目严格按照合同和有关规范执行。

案例六　××高速公路××隧道坍塌事故

一、工程背景及事故经过

×年×月×日中午 13 点 47 分,×××隧道上行线进口,SK88 +457 ~ SK88 +488 段发生了较大规模的塌陷,造成 5 人死亡。

1. 塌陷情况

塌陷地段位于×××隧道上行线进口,距离隧道暗挖进洞起点 47 ~ 78m(桩号 SK88 + 457 ~ SK88 + 488),塌陷段里端到达上台阶掌子面。

塌陷段为拱圈及上覆土体整体垂直下沉,地表形成了长约 36m、宽约 14m 的矩形陷坑,长度方向与隧道轴线基本一致。该段拱顶覆盖层厚度 10 ~ 12.7m,塌陷土体约 7 000m^3。

隧道采用正台阶法施工,拱圈初期支护已经完成,靠近掌子面 25.7m 的拱圈整体下沉 2.3 ~ 2.6m,拱圈结构基本完好。与未塌方段交界处(SK88 + 457 ~ SK88 + 462.3)的 5.3m 段拱圈初期支护已破坏,洞顶土体塌入隧道封闭整个断面,塌通至地表。

2. 塌陷前的施工情况

隧道采用上下导坑环型开挖预留核心土法施工,上台阶开挖宽度约 12.7m,最大高度约 5.3m。截至 2007 年 2 月 22 日,隧道上行线进口上台阶开挖和初期支护施工至 K88 + 488 处,距暗挖进洞起点 78m,下台阶开挖里程 SK88 + 457,据暗挖进洞起点 47m。其中进口 25m 段初期支护已封闭成环,仰拱已施作,距洞口 25 ~ 45m 处右侧边墙初期支护已完成,右半幅仰拱也已施作,左侧边墙马口尚未施工。目前未塌陷初期支护完好,没有开裂现象。

3. 塌陷段设计情况

×××隧道位于××平原××江中游地带,为平原、微丘区,隧道所处地貌单元为岗阜状平原区,地面侵蚀较强,起伏较大,呈坡缓、顶平漫港式,局部"V"形冲沟发育,切割深度 10 ~ 25m,塌陷区地表为耕地。隧道穿越地层为第四系堆积层,隧道围岩比较单一,主要为黏性土,局部见砂层。隧道塌陷段埋深 10 ~ 12.7m,属于浅埋。围岩级别为Ⅵ级。隧道净宽 12.12m、净高 7.72m,净空面积 76.78m^2。

隧道按新奥法原理设计,采用复合式衬砌,初期支护采用:C25 钢纤维喷射混凝土 28cm;锚杆为 $\phi 25$ 自进式中空注浆锚杆,长4.0m、间距 0.5m × 1.0m;喷射混凝土内设有 20a 工字钢,间距

0.5m;辅助施工措施为双层注浆小导管,长4.0m,环向间距0.4m;二次衬砌采用55cm厚C30钢筋混凝土。

二、原因分析

1. 直接原因

由于×××隧道塌陷区土层中存在洞穴、墓室、地面裂缝、砂层等复杂的地质条件,受大量降雪和迅速到来的百年不遇的暖冬气候所造成积雪短期内融化的特殊原因影响,产生地表水径流和渗流的浸入,使土体含水率迅速加大,其力学指标发生急剧衰减,围岩失稳、隧道所承受的竖向荷载也相应加大。渗流水沿隧道初期支护拱背汇集到拱脚,使拱脚基底亚黏土遇水软化,承载力急剧降低,导致了支护拱圈和上覆土体整体塌陷。

2. 间接原因

×××隧道是我国首次在严寒地区修建的浅埋大跨度土质公路隧道。受百年不遇的暖冬影响,加之大雪后气温骤升、冻融交替,对复杂地层特殊气候条件下隧道产生突发性塌陷认识不足,经验欠缺。

三、事故结论与教训

(1)隧道塌方前没有明显征兆,突然发生,来不及采取相应措施阻止塌方发生,施工人员甚至来不及躲避事故危害。

(2)从施工环境来看,显示了多处对事故不利的情况:

①该地区2月13日~14日出现了罕见的强降雪,降雪量达14.6mm,积雪厚度超过12cm。2月21日~22日气温骤升至4.6℃,较历史同期高出7℃,积雪几乎迅速融化殆尽。

②在抢险地表卸载过程中发现了多处墓穴、洞穴,据调查,该区域曾经是坟地,说明地面土体曾经受到扰动。

③隧道塌陷区段地表存在地面冻缩裂缝。

④隧道塌陷时正值春节放假期间,2月14日~20日隧道内基本处于停工状态。

⑤隧道内生火取暖,洞内温度10℃ 左右。

(3)×××隧道是我国首次在严寒地区修建的浅埋大跨度土质公路隧道,缺乏经验,对围岩土体在气温变暖时的稳定性及承载能力迅速下降认识不足。

(4)由于塌陷体成梯形状整体下沉,系统锚杆对阻止塌陷没有贡献。

四、事故的预防对策

(1)有关方面开展严寒地区大断面土质隧道设计施工技术专题研究。

(2)加强冻土地区隧道施工的环境监测。

(3)加强对冻土地区隧道施工危险源的分析和总结。

案例七　××高速公路粒料拌和站重大伤亡事故

一、事故经过

×年×月×日21时45分,××高速公路××标段项目部粒料拌和站发生一起重大伤亡事故,造成3名农民工死亡。

路基结构层水泥稳定土工程施工队进行水稳摊铺作业。有3台装载机从距离拌和站料斗45m处的料场向拌和站料斗内添加石料,距离拌和站料斗15m处有一斜坡,装载机需开到斜坡顶后再向料斗内倾倒石料。施工进行到21时45分时,王××(××高速公路××标段项目部路基结构层水泥稳定土工程施工队装载机驾驶员)驾驶的一台ZL40G轮式装载机在向拌和站料斗供料时,装载机铲斗将拌和站料斗撞翻。据调查:在装载机接近料仓,装载机驾驶员开始踩制动时,制动已没有反应,控制不住装载机(事后检查发现装载机制动油管断裂,地面上漏有制动机油),撞倒了料仓,3名当班农民工被埋压在料斗下。事发后,现场人员拨打了

120、110 报警电话，并组织进行抢救，22 时左右，3 名农民工被送往县医院，经抢救无效死亡。

二、事故原因

事故的直接原因是装载机在施工中制动油管意外断裂，造成制动失灵。导致装载机铲斗将拌和站料斗撞翻，3 名当班农民工死亡的严重后果。

三、事故结论与教训

这起事故是由于装载机在施工中制动油管意外断裂而引发的重大伤亡事故，反映了事故单位对施工设备的养护不及时。

四、事故的预防对策

(1)加强施工设备的检修和养护针对工程特点。

(2)定期进行安全生产教育，重点对专职安全员和从事特种作业的起重工、电工、焊接工、机动车辆驾驶员进行培训和考核，学习安全生产必备的基本知识和技能，提高安全意识。

(3)项目部要充分认识安全生产工作的重要性，认真贯彻“安全第一、预防为主”的方针，深入排查安全隐患和管理漏洞，特别要加强对施工设备关键部位突发意外的事前防范，制订有效的技术措施和应给预案，努力实现企业本质安全。

(4)公路工程监理事务所要加大安全管理责任的落实力度，加强对监理人员的相关专业的技术培训，加强对施工设备特别是特种设备的安全技术检查，督促企业实现安全目标。

(5)高速公路发展有限公司要加强对高速公路标段施工承包单位的安全监管，做到既管施工，又管安全，举一反三，吸取教训，正确处理安全生产和经济效益的关系，加强现场监管，最大限度减少伤亡事故的发生。

案例八　××公路××隧道工程特别重大瓦斯爆炸事故

一、工程背景及事故经过

×年×月×日14时40分，××公路建设工程项目×合同段××隧道工程右线隧道发生特别重大瓦斯爆炸事故，造成44人死亡，11人受伤，直接经济损失2 035万元。

1. 隧道工程及事故相关单位概况

××隧道是××公路建设工程项目的重点控制工程之一，该隧道设计为上下行左右线隧道，洞口线间距40m，其中左线隧道进口里程K16+350，全长4 160m。

该隧道建设单位为××公路建设开发总公司控股的××公路有限责任公司；工程地质详勘工作由××省地质工程勘察设计研究院完成；设计单位为××省交通厅公路规划勘察设计院。隧道进口端（左线长2 556m，右线长2 525m，合同造价1.6亿元）属于×合同段，中标施工单位为××局集团第四工程有限公司负责施工；出口端（左线长1 540m，右线长1 545m）由××工程总公司二局负责施工。分界里程为K15+900。中标工程监理单位为××工程咨询有限公司西南分公司。

2. 隧道工程地质情况

根据地质勘察报告、设计文件和相关资料描述，该隧道地质条件复杂，隧道穿越地层为三叠系底层，穿越层位共16层，其中9层不同程度有炭质泥岩及薄煤层（厚度一般为0.1 ~0.3m），岩性主要为炭质泥岩、砂岩、泥岩砂岩互层、煤岩，此外，在砂岩段中零星分布冲刷煤屑或包体，有瓦斯设防段、涌水段和岩爆段，III、IV、V级围岩大致各占1/3，发生瓦斯爆炸地段的掌子面位于龚家背斜组成的复式褶皱中，为挤压强烈、地应力相对集中地段。该地带节理裂隙发育、岩层十分破碎，构成瓦斯并存的空间。地质详勘报告指出，此段隧道穿越一组背斜，在其褶曲轴部地带中的炭质泥岩及薄煤层中并存有瓦斯等有害气体，有瓦斯聚集涌出的可能，施工中应按防瓦斯安全规程进行重点设防，加强通风及瓦斯的监测工作。

3. 隧道施工情况

该隧道左洞进口端于×年×月×日开工。该洞在施工过程中曾于×年×月×日在K12+272处处理洞顶塌方时发生瓦斯燃烧，使正在处理塌方的6名作业人员被烧伤，2名作业人员从高处跳下脚部扭伤。

右洞进口端于×年×月×日开工，计划×年×月底竣工。截至×年×月×日，右洞进口端已开挖1 487m，衬砌1 419m。

隧道开挖断面为80～100m^2，掘进方式为简易台架配合YT28风钻钻眼，电雷管矿用炸药起爆，装载机配合自卸车运输，压入式通风，锚喷支护，泵送混凝土和整体模板台车浇注衬砌，软弱围岩地段衬砌紧跟掌子面。

×年×月×日，右洞开挖至K14+872处时，施工单位发现K14+790至K14+872段初期支护变形超限，当即停止开挖。从10月17日开始，施工单位按照建设、设计、监理、施工四方会勘纪要对变形地段初期支护进行拆除。12月16日，初期支护钢拱架拆换至K14+860（距掌子面12m）处，随着围岩的剥落，K14+860至K14+865段逐渐形成大空腔（塌腔高度约0～4m），并伴有直径约5cm的股状水流出。12月19日下午，初期支护钢拱架拆换至K14+865处，原有初期支护背后围岩左前上方形成一漏斗状空腔，建设、设计、监理、施工四方有关人员再次对现场进行了会勘。12月20日至21日，施工单位按照四方共同研究的处理方案对塌腔内进行了喷射混凝土支护，但塌方没有得到控制，空腔继续扩大，至22日零点班，塌腔已与掌子面连通，形成4～5m高、6～7m宽、约5m长的空腔，空腔内时有掉块现象。

4. 事故经过及抢救情况

×年×月×日白班先后有43人进入右洞。其中，在掌子面附近喷射混凝土作业5人、打锚杆前准备作业8人、架设拱架作业

4 人、二次衬砌浇注混凝土作业 11 人，在 2 号横洞出渣作业 1 人，接风管作业 1 人，瓦斯检查员 2 人，运输工 6 人，技术员和管理人员 5 人。这些人中，有 9 人于 14 时 30 分先后出洞。当班因接风筒于 10 时起停风 1h，11 时接好风筒，恢复拱风，当时风筒出风口距掌子面约 30m，送风距离超过 1 400m。14 时 40 分，洞外人员突然听到从右洞传来巨大爆炸声，同时看到洞口一片昏暗，爆炸冲击波将停放在距右洞口 20m 重达 70t 的模板台车冲出 40 多米，洞口通风机错位、配电柜损坏，大幅宣传牌被掀飞，在洞外组装模板台车人员、门岗等有 10 人死亡、11 人受伤。

事故发生后，施工单位及时向×××政府及有关部门报告了事故情况，并立即撤出当时在左洞作业的人员。××省人民政府及有关部门接到事故报告后，迅速启动应急议案，×××副省长率领有关部门、××市政府和 8 支矿山救护队迅速赶到事故现场组织抢救。随后，××省长、安全监管总局××副局长和××工程总公司负责人也赶到事故现场督促指导事故抢救和善后工作。救护队到达事故现场后，立即进入右洞进行搜救，并迅速安装风筒，恢复右洞通风。经救护队多次进洞侦察搜索，洞内没有发现生还者，当时在右洞和 2 号横洞工作的人员全部遇难。救护人员找到了全部遇难人员的尸体，于 24 日 10 时 30 分前将遇难人员尸体运出洞外，结束抢救工作。此次事故共造成 44 人死亡（其中洞内死亡 34 人，洞外死亡 10 人）、11 人受伤，大量施工设备损坏。

二、事故原因及性质

1. 直接原因

由于掌子面处塌方，瓦斯异常涌出，致使模板台车附近瓦斯浓度达到爆炸界限，模板台车配电箱附近悬挂的三芯插头短路产生火花引起瓦斯爆炸。

2. 间接原因

（1）××局四公司作为施工单位，违规将劳务分包给无资质的作业队伍。在施工过程中没有严格执行安全生产法规和有关规章制度，施工现场安全管理混乱，对农民工的安全知识和技能培训不到位，有部分瓦斯监察员无证上岗；通风管理不善，右洞掌子面拱顶瓦斯浓度经常超限；虽然在《××路×合同段×××隧道实施性施工组织设计》中要求在开挖掌子面与二衬之间全部使用防爆电器和设备，但施工队在衬砌模板台车上使用非防爆配电箱并接普通插座；右洞仅有一台甲烷传感器，事故当天安装于隧道左侧距垮塌处5m、离隧道底板2m高的地方，安装位置不符合要求，不能有效监控瓦斯；瓦斯检查员全部使用便携式瓦斯报警仪检查瓦斯，对高处一般将便携式瓦斯报警仪绑在一根2~3m的竹竿上举起进行检查，未达到规定检查高度，而且存在检查次数不符合规定等情况。

(2)××局集团有限公司作为××公路×合同段的中标单位，虽然制订了《瓦斯隧道工程施工指南》等安全生产规章制度，但对该隧道工程施工安全管理不力，没有认真督促所属四公司和××公路×合同段项目经理部严格执行防治瓦斯措施，未能督促有关部门和人员及时解决工程建设中存在的安全生产隐患等问题。

(3)××工程咨询有限公司作为中标监理单位，没有认真履行监理职责，从参加投标到实施监理都是委托他人操作，没有派人参加具体监理业务，没有对分公司的监理工作实施监督管理。××工程咨询有限公司的分公司对××路JL1合同段监理部管理混乱，第2监理组人员长期缺编，人员岗位变换频繁，关键岗位人员不符合资质条件，无证上岗，对隧道施工中的安全生产监理不到位。

(4)××公路有限责任公司作为××公路的项目法人，对施工单位违规分包、现场安全管理混乱、监理单位人员缺编和人员资质不符合要求等问题，未能加以纠正；没有及时采用有效措施解决××隧道施工过程中出现的瓦斯隐患问题，未能有效地督促项目法人单位加强对该工程的安全生产管理，督促××各方加强对瓦斯隧道施工过程的安全管理。

(5)××省交通厅公路规划勘察设计研究院作为设计单位，对涉及施工安全的瓦斯异常涌出认识不足，在施工现场技术服务中对瓦斯异常涌出的防范措施不到位，特别是在右洞施工处于预测的高瓦斯工区和发生塌方的情况下，没有充分考虑瓦斯异常涌出情况和瓦斯异常涌出后可能造成的危险，未能及时向有关单位提请修改设计，提高瓦斯设防等级。

(6)××省交通厅公路水运质量监督站作为公路水运工程建设质量安全监督机构，对×××隧道项目参建各方的安全生产工作监督检查不力，未能及时督促各有关单位发现并纠正施工中存在的安全隐患及管理不到位问题。

三、事故结论与教训

(1)经调查认定，该特别重大瓦斯爆炸事故为一起责任事故。

(2)此次隧道瓦斯爆炸事故暴露出施工、建设、监理、设计单位和有关行业管理部在贯彻执行安全生产法规、标准和安全生产监管方面存在的突出问题。

四、事故的预防对策

(1)施工单位要依法落实企业安全生产安全主体责任。一是要严格执行《安全生产法》、《建设工程安全生产管理条例》等法律、法规和有关标准，严禁违法分包、转包工程，加强对施工人员的安全培训教育，对瓦斯隧道特别是高瓦斯工区施工，应按有关规程规定使用防爆电器设备，配备足够的瓦斯监测检查装备和具有相应资格的瓦斯检查员等特种作业人员，严格执行瓦斯隧道施工的各项规定，切实落实施工现场安全生产责任制。二是要认真吸取此次事故在处理塌方时发生瓦斯爆炸的深刻教训，特别是对软弱、破碎围岩地段隧道施工，要采取严格的安全防范措施，避免和减少隧道发生塌方。一旦发生塌方，必须制定切实可行的瓦斯事故防范措施，加强通风和瓦斯监测，并及时治理。

(2)建设单位要认真履行对工程建设项目的安全生产监督管

理职责。一是要认真吸取事故教训，加强××公路隧道瓦斯危害调查研究，聘请有资质的单位对×××隧道等正在施工隧道工程的瓦斯并存情况进行全面探查、检测、评价和论证，并根据实际情况重新确定瓦斯事故设防等级，要求设计和施工单位重新编制施工组织设计方案和安全措施，加大对瓦斯防治的安全投入，切实加大预防隧道瓦斯事故力度。二是要组织有关专业技术人员对此次瓦斯爆炸事故造成×××隧道右洞支护部分的损坏情况和围岩的稳定性进行全面探测和评价，并根据探测和评价结果采取固强措施，以确保隧道建成后的安全运行。

(3)监理单位要认真履行对施工现场的安全监理职责。监理单位应对××公路监理项目进行整顿，按照有关规定和合同约定，加强对现场监理人员的管理，配齐合格的监理人员，并依法履行工程监理和施工现场安全生产监理职责，督促施工单位立即整改，对隐患严重的，应下达停工令，要求施工单位暂停施工，消除事故隐患，并及时、如实向业主和有关部门反映施工过程中的重大问题，并对整改情况实施监理。

(4)设计单位要加强对工程建设项目施工安全的技术设计指导和服务。有关工程设计单位应严格按照法律、法规和工程建设强制标准的要求，进行隧道工程设计，不得随意降低瓦斯隧道工程的瓦斯设防等级。对涉及瓦斯隧道施工安全的重点部位和环节要在设计文件中加以注明，提出防范瓦斯事故明确的技术指导意见。对施工过程中发现瓦斯变化异常的情况，应会同有关单位及时提请调整、修改原设计，并制订施工现场安全防范措施，预防事故发生。

(5)政府有关行业主管部门要强化对重点工程建设项目的安全监督管理。××省人民政府应依法加强公路建设工程特别是瓦斯隧道工程施工的安全生产监督管理，建立健全公路建设工程项目安全生产监督管理制度和规范，进一步督促有关单位落实安全监管责任，严格施工现场安全日常检查，监督工程建设、施工、设计和监理单位严格依法履行安全生产职责，切实落实工程建设各方安全主体责任。

案例九　××公路××隧道塌方抢险成功

一、事故救援经过

×月×日上午11时40分，国道主干线××公路××隧道发生塌方，距开挖掌子面约70m的ZK169+870～+890段严重坍塌，瞬间将隧道净空完全堵塞，当时正有25名工人在掌子面上施工。塌方堵塞通道后，这些工人全部被困在洞中，与外界失去联系，局部塌方还在继续，25名工人的生命岌岌可危。

事故发生后，国务院和省委、省政府以及交通部、省交通厅非常关心和重视，国务委员、国务院×××等领导分别作出重要指示，安排相关工作组前往现场。

在事故现场，经专家现场分析，拟定了3个事故处置方案：一是开挖侧壁导洞通过坍体救援，采用方木密排架箱支护，人工开挖高小导洞形成救援通道；二是在对应隧道地表处钻孔增加通风及食物和水的运送通道；三是从已贯通的右线隧道开挖横向导洞进行施救，3个方案同时进行实施。此次救援共动用了460名一线抢险施救人员、20余台机械设备、5台救护车、1台抢险工程车等，人员达1 000多人。25名工人成功脱险。

二、此次成功救援的几条经验

(1)做了良好的隧道施工的应急救援预案。事故发生后，及时成立临时抢险领导小组，细分各组工作，迅速展开救援工作。

(2)指挥有力。救援工作稳步推进。

(3)科学决策。专家们因时因地决策，科学的方案为救援工作赢得了时间。

(4)团结协作。在省政府的统一指挥下，省级有关部门、当地州、县政府，公安、交警、武警消防官兵和建设、施工单位以及所有参加救援的全体人员克服困难，充分发扬顾全大局、同心同德、众志成城的精神、通力合作，为救援工作营造了良好的气氛。

(5)及时善后。救援结束后，紧接着就召开善后处置工作会议：一是对抢险救援工作做出评价；二是认真分析事故，查明原因，采取相应的措施做好后续工作。